高等数学基础同步练习册

（第 2 版）

主　编　李桂荣　顾　敏　王　晶
编　者　姜　波　蒋　洪　钱在沼
　　　　王　晶　顾　敏　李桂荣

南京大学出版社

图书在版编目(CIP)数据

高等数学基础同步练习册 / 李桂荣，顾敏，王晶主编. —2 版. —南京：南京大学出版社，2020.8(2022.7 重印)

ISBN 978-7-305-23120-9

Ⅰ.①高… Ⅱ.①李… ②顾… ③王… Ⅲ.①高等数学—高等学校—习题集 Ⅳ.①O13-44

中国版本图书馆 CIP 数据核字(2020)第 137320 号

出版发行 南京大学出版社
社　　址 南京市汉口路 22 号　　邮　编 210093
出 版 人 金鑫荣

书　　名 高等数学基础同步练习册
主　　编 李桂荣 顾 敏 王 晶
责任编辑 刘 飞　　编辑热线 025-83592146

照　　排 南京紫藤制版印务中心
印　　刷 扬州皓宇图文印刷有限公司
开　　本 787×1092 1/16 印张 15.5 字数 387 千
版　　次 2020 年 8 月第 2 版 2022 年 7 月第 2 次印刷
ISBN 978-7-305-23120-9
定　　价 38.00 元

网　　址:http://www.njupco.com
官方微博:http://weibo.com/njupco
官方微信:njupress
销售咨询热线:(025)83594756

前　言

解题练习是学习数学的实践活动和重要环节，也是培养和提高数学基本技能的重要途径之一。

本练习册与主教材《高等数学基础》（李桂荣、袁建华主编）的内容及要求相匹配。应高职高专教育发展和改革的需要，让每位学生都得到最充分的发展，我们构建了同一知识点不同层次的练习题，既为学生提供了可选择性的学习空间，又便于数学教学过程考核。全练习册共8章，以节为单位。每小节为“练习题”，每一章有“复习与自测题”，难易度分别为A层题、B层题及C层题，为让读者对每章内容有一个更全面而清晰的认识，我们为每章内容编写了“知识结构与要点”，以便复习和重点把握。

本书由顾敏编写了第1、7章；姜波编写了第2、3章；蒋洪编写了第4章；王晶编写了第5章；钱在沼编写了第6章；李桂荣编写了第8章。第二版修订由李桂荣、顾敏、王晶完成。

本书的编写是我们进行教学改革的进一步尝试。书中不妥之处在所难免，敬请同仁、读者提出修改意见，编者将不胜感激。

编　者

2020年8月

目　录

第1章　初等函数

练习题 1.1 与 1.2

1. 已知函数 $f(x)=\frac{x}{1+x}$,求(1) $f[f(x)]$;(2) 用 $f(x)$表示 $f(3x)$.

2. 求下列函数的定义域:

(1) $f(x)=\frac{\ln(x^2+2x-3)}{\sqrt{16-x^2}}$

(2) $f(x)=\arcsin\frac{x-1}{3}$

3. 已知 $f(x)$的定义域为$[0,1]$,求函数 $g(x)=f\left(x-\frac{1}{3}\right)+f\left(x+\frac{1}{3}\right)$的定义域.

4. 分解下列复合函数：

(1) $y=\sqrt{1+e^{3x}}$

(2) $y=f\left(\arctan^2\dfrac{1}{x}\right)$

5. 判断函数 $y=\ln x$ 在下列指定区间内是否有界.

(1) $(0,1)$

(2) $[1,e]$

(3) $[1,+\infty)$

6. 已知 $f(x)=\begin{cases}\sqrt{1-x^2}, & |x|<1\\ x^2+1, & |x|\geqslant 1\end{cases}$,求 $f[f(x)]$.

1. 已知 $f(3x-1)=x^2+1$,求 $f(x)$.

2. 求下列函数的定义域：

(1) $y=\frac{1}{\sqrt{x^2-9}}$　(2) $y=\sqrt{\frac{x-1}{x+1}}$　(3) $y=\sqrt{1-x^2}+\frac{1}{\ln(1-x)}$

(4) $y=\arcsin(x^2-3)$　(5) $y=\sqrt{2\sin x-1}$　(6) $y=\ln(\ln x)$

3. 设 $f(x)=\begin{cases}x, & x<0\\ x+1, & x\geqslant 0\end{cases}$，求 $f(x+1)$ 及 $f(x-1)$.

4. 分解下列复合函数：

(1) $y=\tan^4 2x$　(2) $y=\cos\sqrt{1-2x}$　(3) $y=\sin[\ln^2(x^3+x)]$

(4) $y=\arcsin^2(3x-1)$　(5) $y=\sqrt{\csc\frac{x^2+1}{2}}$　(6) $y=3^{(x+1)^2}$

5. 判断下列函数的奇偶性：

(1) $f(x)=|x+3|-|x-3|$　(2) $f(x)=\frac{x(e^x-1)}{e^x+1}$

6. 判断函数 $y=\frac{1}{x}$ 在下列指定区间内是否有界.

(1) $(0,1)$ (2) $[1,3]$ (3) $[1,+\infty)$

1. 设 $f(x)=\begin{cases} x^2, & x\leqslant 0 \\ x+1, & x>0 \end{cases}$,(1) 画出 $f(x)$ 的图像;(2) 求 $f(-1)$、$f(0)$ 及 $f(1)$.

2. 求下列函数的定义域:

(1) $y=\frac{1}{x^2-1}$ (2) $y=\sqrt{4-x}$ (3) $y=\ln(2x-1)$

(4) $y=2\arcsin(x-1)$ (5) $y=\frac{1}{\sqrt{x^2-2x-3}}$ (6) $y=\frac{1}{\sqrt{1-|x|}}$

3. 已知分段函数 $f(x)=\begin{cases} e^x, & x>0 \\ x+1, & -3\leqslant x\leqslant 0 \end{cases}$.

(1) 求 $f(x)$的定义域及 $f(1)$,$f(0)$,$f(-2)$;

(2) 画出 $f(x)$的图像.

4. 分解下列复合函数:

(1) $y=\sin 3x$　(2) $y=(x+1)^9$　(3) $y=\sqrt{3-8x}$

(4) $y=\ln^3(x+1)$　(5) $y=\sec\dfrac{1}{x}$　(6) $y=3\arctan(1-x)$

5. 判断 $f(x)$与 $g(x)$是否表示同一个函数?为什么?

(1) $f(x)=x-2$,$g(x)=\dfrac{x^2-4}{x+2}$

(2) $f(x)=x$,$g(x)=\sqrt{x^2}$

(3) $f(x)=\ln x^2$,$g(x)=2\ln x$

(4) $f(x)=1$,$g(x)=x^0$

6. 已知函数 $y_1=2\sin x$,$y_2=\sin 2x$,$y_3=\begin{cases} \dfrac{\sin x}{x}, & x\neq 0 \\ -1, & x=0 \end{cases}$,$y_4=\dfrac{\ln x}{\sqrt{x}}+1$,其中________是复合函数,________是初等函数.

练习题 1.3

1. 一般地，在一块水田中施肥量 x 越多，稻子的产量 y 就越高.但是，如果肥料施用得过多(比如超过某一定数 x_0)，稻子也会受到毒害，使产量急剧下降.试画出水稻产量与施肥量间的函数模型的示意图.

2. 某种产品每台售价 90 元，成本为 60 元，厂家为鼓励销售商大量采购，决定凡是订购量超过 100 台的，多出的产品实行降价，每多出 100 台单位产品降价 1 元，但是最低价格为 75 元/台.

(1) 将每台的实际售价 P 表示为订购量 x 的函数；

(2) 写出利润 L 关于订购量 x 的函数；

(3) 当一个商场订购 1000 台时，厂家可获利多少？

3. 一家具公司签订了一项合同，合同要求在第一个月月底之前，交付 80 把椅子；第二个月月底之前交付 120 把椅子.已知每月生产 x 把时，成本为 $50x+0.2x^2$(元).如第一个月生产的数量超过订货数，每把椅子库存一个月的费用是 8 元，公司每月最多能生产 200 把椅子.

(1) 建立完成以上合同所消耗的总成本模型(提示：设第一个月与第二个月生产的椅子数为变量)；

(2) 给出生产椅子数的约束条件；

(3) 求该公司完成以上合同的最佳生产安排(即确定第一个月与第二个月生产的椅子数，使总成本最小).

4. 复利是计算利息的一种方法.它是指不仅对本金计算利息，而且还要计算利息的利息.也就是说，本期的本金加上利息作为下期计算利息的基数，俗称“利滚利”.

(1) 已知本金为 A_0，计息期的利率为 r，计息期数为 t，本利和为 A.请建立复利下的本利和公式；

(2) 已知连续复利公式为 $A=A_0e^{rt}$，这是当计息期数 t 趋于∞时的复利公式.现将 100 元现金投入银行，年利率为 1.98%，按连续复利公式计算 10 年末的本利和(不扣利息税)；

(3) 已知某厂 1980 年的产值为 1000 万元，到 2000 年末产值翻两番，利用连续复利公式求出每年的平均增长率.

5. 某学校的一座教学楼，其中一楼有一排四间相同的教室，学生们可以沿教室外的走道一直走到尽头的出口.如果用数学模型来分析人员疏散所用的时间，问需要进行哪些简化假设?

6. 某市 20 位下岗职工在近郊承包了 50 亩土地办农场，这些土地可种蔬菜、烟叶或小麦，种植这几种农作物每亩地所需职工数和产值预测如表 1.1 所示.

表 1.1

作物品种	每亩地所需职工数	每亩地预产值
蔬　菜	$\frac{1}{2}$	1100 元
烟　叶	$\frac{1}{3}$	750 元
小　麦	$\frac{1}{4}$	600 元

请你设计一个种植方案，使每亩地都种上农作物，20 位职工都有工作且使农作物预计总产值最高.

1. 一人早上6∶00从山脚A上山，晚18∶00到山顶B；第二天，早6∶00从B下山，晚18∶00到A.若问是否有一个时刻t_0，这两天都在这一时刻到达同一点，请将该问题用数学语言描述.

2. 假期，小李到郊外去观景，他匀速前进，在离家不远处，他发现一骑车人的自行车坏了，便帮助这个人把自行车修好，随后又上路了.画出小李离家的距离关于时间的函数模型的示意图.

3. 某中学校长暑假将带领该校市级三好学生去北京旅游，甲旅行社说："如果校长买全票一张，则其余学生可享受半价优惠."乙旅行社说："包括校长在内全部按全票价的6折优惠(即按全票价的60%收费)."全票为240元/人.

(1) 试建立两家旅行社的收费模型；

(2) 当学生数为多少时，两家旅行社的收费一样？

(3) 讨论哪家旅行社更优惠.

4. 某种细菌在培养过程中每半小时分裂一次(由一个分裂成两个).

(1) 经过两小时,这种细菌由 1 个可以分裂繁殖成多少个?

(2) 试建立这种细菌分裂的数学模型.

5. 某种产品的年产量为 x 台,每台售价 250 元,当年产量在 600 台内(包括 600 台)时,可全部售出;当年产量超过 600 台时,经过广告宣传后又可再多售出 200 台,每台平均广告费为 20 元;生产再多,本年就售不出去了.

(1) 试建立本年的销售收入 R 与年产量 x 之间的函数关系;

(2) 画出上述函数的图像.

6. 某商店积压了 100 件某种商品，为使这批货物尽快出售，该商店采取了如下销售方案，先将价格提高到原来的 2.5 倍，再作三次降价处理：第一次降价 30%标出了“亏本价”；第二次降价 30%，标出了“破产价”；第三次又降价 30%，标出了“跳楼价”.三次降价处理销售情况见表 1.2，问：

表 1.2

降价次数	一	二	三
销售件数	10	40	一抢而光

(1) 跳楼价占原价的百分比是多少？

(2) 该商品按新销售方案销售，相比原价全部售完，哪一种方案更盈利？

1. 做一个容积为 V 的圆柱形无盖小桶.

(1) 试将桶高 h 表示成底面半径 r 的函数；

(2) 试将圆桶的表面积 S 表示成底面半径 r 的函数.

2. 1 ～ 14 岁的儿童，其平均身高 y（单位：cm）与年龄 x 呈线性函数关系.已知 1 岁儿童的平均身高为 85 cm，10 岁儿童的平均身高为 130 cm，写出平均身高 y 与年龄 x 的函数关系式.

3. 用一块矩形空地来做花圃，这块地长 24 m，宽 15 m，如果在四周留出宽度都是 x m 的小路，中间余下种花的空地面积为 y m^2.

（1）画出花圃的示意图；

（2）请写出 y 与 x 之间的函数关系式；

（3）求上述函数的定义域.

4. 一定温度下的饱和溶液中，溶质、溶剂质量和溶解度之间存在下列关系：$\frac{\text{溶质质量}}{\text{溶剂质量}}=\frac{\text{溶解度}}{100\text{ 克}}$.已知 20℃时硝酸钾的溶解度为 31 克，在此温度下，设 x 克水可溶解硝酸钾 y 克，则 y 关于 x 的函数关系式是(　　).

A. $y=0.31x$；　　B. $y=31x$；　　C. $y=\frac{0.31}{x}$；　　D. $y=\frac{x}{0.31}$.

5. 某厂生产一种元器件，每日的固定成本为 150 元，每件的平均可变成本为 10 元.

(1) 试求该厂生产此元器件的日总成本函数及平均成本函数；

(2) 若每件售价为 15 元，试写出总收入函数；

(3) 试写出利润函数，并求无盈亏点.

6. 家中来了客人，想泡茶招待，可是开水没有了.于是主人要洗水壶(需 1 min)、灌水(1 min)、烧水(15 min)、洗茶杯(2 min)、拿茶叶(1 min)、泡茶(1 min).请你拿出方案：怎样安排这些工序，使客人尽快喝到茶水？

复习与自测题 1

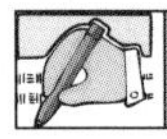

本章知识结构与要点

1. 知识结构

本章是在中学数学已有函数知识的基础上对函数概念的进一步强化和深入.

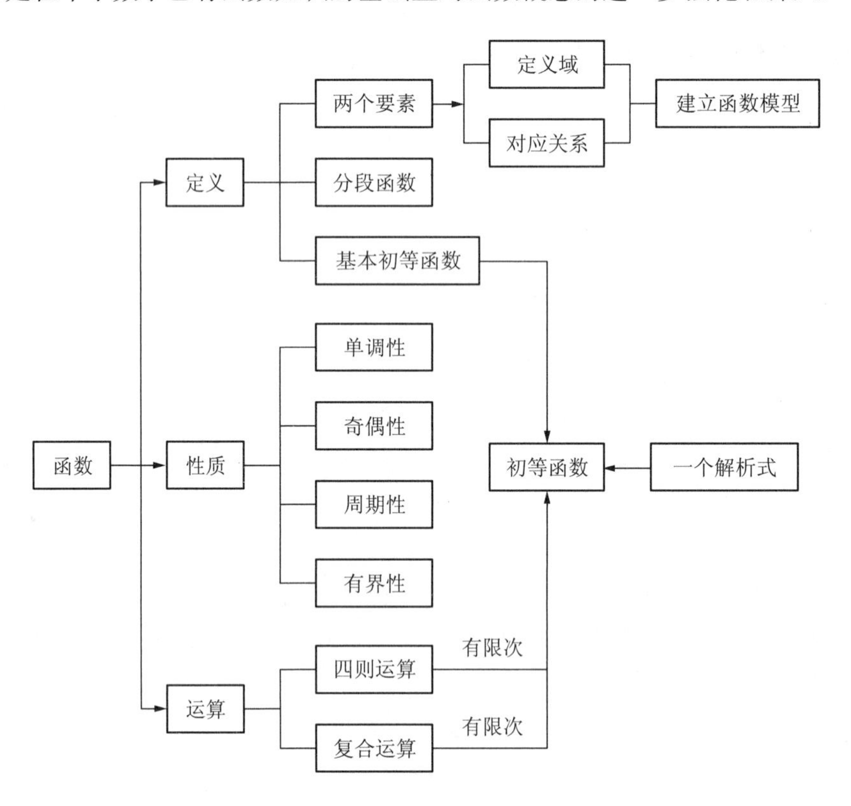

2. 注意要点

(1) 判断两个函数是否相等,要牢牢抓住定义域和对应法则这两个关键要素,只有这两个要素都相同才可以断定函数相同.

(2) 研究分段函数的定义域、函数值及其他性质时,要注意它是由几段不同的函数构成,以及它在分段点的情况.

(3) 复合函数的分解是学习微分的一个基本技能,一定要分解彻底,同时注意四则运算不能分解.

一、填空题

1. 函数 $y=\ln\frac{x-1}{x+1}$ 的定义域是________.

2. 设函数 $f(x)=\begin{cases}-1, & x<0\\0, & x=0\\1, & x>0\end{cases}$,则 $f[f(x)]=$________.

3. 函数 $y=x^x(x>0)$可分解为________和________.

4. 设函数 $f(\sin x)=1+\cos 2x$,则 $f(x)=$________.

5. 设函数 $f(x)=\begin{cases}-2, & x>0\\0, & x<0\\6, & x=0\end{cases}$,则 $f\{f[f(-2)]\}=$________.

6. 设 $f(x)=\ln x, g(x)=\sqrt{\sin x}$,则 $f[g(x)]=$________,$g[f(x)]=$________.

7. 设 $f(x)=\frac{1}{1+x}$,则 $f\left[f\left(\frac{1}{x}\right)\right]=$________.

8. 函数 $y=\sqrt{x}+1$ 的反函数是________.

二、选择题

1. 函数 $y=\frac{\ln(1+x)}{x}$的定义域是(　　).

A. $\{x\mid x\neq 0\}$;　　B. $\{x\mid x\neq 0$ 且 $x\neq -1\}$;

C. $\{x\mid x>-1\}$;　　D. $\{x\mid x>-1$ 且 $x\neq 0\}$.

2. 已知 $f(x)$是定义在$(-\infty,+\infty)$内的任意函数,下列函数中为奇函数的是(　　).

A. $f(-x)$;　　B. $|f(x)|$;

C. $f(x)+f(-x)$;　　D. $f(x)-f(-x)$.

3. 下列函数对中为同一个函数的是(　　).

A. $f(x)=(x-1)^0, g(x)=\sin^2 x+\cos^2 x$;

B. $f(x)=x, g(x)=e^{\ln x}$;

C. $f(x)=\begin{cases}1, & x>0\\-1, & x<0\end{cases}, g(x)=\frac{|x|}{x}$;

D. $f(x)=x^3, g(x)=|x|^3$.

4. 已知函数 $f(x)$的定义域为$[0,1]$,则函数 $g(x)=f(e^x)+f(\ln x)$的定义域是(　　).

A. $[0,1]$;　　B. $(-\infty,0]$;　　C. $[1,e]$;　　D. $\varnothing$.

5. 在区间$(0,+\infty)$内,下列函数中为无界函数的是(　　).

A. $y=\sin x$;　　B. $y=x\sin x$;

C. $y=\frac{1}{1+x^2}$;　　D. $y=e^{-x^2}$.

6. 设 $f(x)=\sin x^2$，$g(x)=x^2+1$，则 $f[g(x)]=($　　$)$.

A. $\sin x^2+1$；　　B. $\sin(x^2+1)$；

C. $\sin(x^2+1)^2$；　　D. $\sin^2(x^2+1)$.

7. 函数 $y=\sin\frac{x}{2}+\cos 3x$ 的周期为(　　).

A. π；　　B. 4π；　　C. $\frac{2\pi}{3}$；　　D. 6π.

8. 在区间$(0,+\infty)$上单调增加的函数是(　　).

A. $y=\frac{1}{x}$；　　B. $y=x^4$；　　C. $y=\tan x$；　　D. $y=\arcsin x$.

9. 已知 $f\left(\frac{1}{x}\right)=\left(\frac{x+1}{x}\right)^2$，则 $f(x)=($　　$)$.

A. $(x+1)^2$；　　B. x^2+1；　　C. $\left(\frac{x}{x+1}\right)^2$；　　D. $\left(\frac{x+1}{x}\right)^2$.

10. $y=e^x-1$ 的反函数是(　　).

A. $y=\ln x+1$；　　B. $y=\ln x-1$；　　C. $y=\ln(x+1)$；　　D. $y=\ln(x-1)$.

三、解答题

1. 求下列函数的定义域：

(1) $y=\frac{1}{1-x^2}+\sqrt{x+2}+\sqrt{-x}$　　(2) $y=\arcsin(2x-1)+\ln(1-3x)$

2. 把下列复合函数分解成简单函数：

(1) $y=\sqrt{\tan\frac{x}{2}}$　　(2) $y=\ln^2[\sin(x^2-1)]$

3. 已知函数 $f(x)=\frac{1}{1+x}$，求 $f\left[f\left(\frac{1}{x}\right)\right]$.

4. 求函数 $y=\sin\frac{x}{2}+\cos 3x$ 的周期.

5. 证明函数 $f(x)=\ln(x+\sqrt{x^2+1})$ 是奇函数.

四、分析题

1. 设 $f(x)=\begin{cases}-x^2, x\geqslant 0\\ -e^x, x<0\end{cases}$, $\theta(x)=\ln x$.

(1) 求 $f[\theta(x)]$ 及其定义域;

(2) 可以复合成形如 $\theta[f(x)]$ 的复合函数吗?

2. 为调动销售人员的积极性,A、B 两公司采取如下工资支付方法:A 公司每月 2000 元基本工资,另加销售额的 2%作为奖金;B 公司每月 1600 元基本工资,另加销售额的 4%作为奖金.已知 A、B 公司两位销售员小李、小张 1~6 月份的销售额见表 1.3 所示.

表 1.3　　单位:元

公司 \ 销售额 \ 月份	1 月	2 月	3 月	4 月	5 月	6 月
小李(A 公司)	11600	12800	14000	15200	16400	17600
小张(B 公司)	7400	9200	11000	12800	14600	16400

(1) 问小李与小张 3 月份的工资各是多少?

(2) 小李 1~6 月份的销售额 y_1 与月份 x 的函数关系式是 $y_1=1200x+10400$,小张

1~6 月份的销售额 y_2 也是月份 x 的一次函数,请写出 y_2 与 x 的函数关系式;

(3) 如果 7~12 月份两人的销售额也分别满足(2)中的两个一次函数关系,问几月份起小张的工资高于小李的工资.

B层题

一、填空题

1. 函数 $y=\ln(x^2-1)$ 的定义域是________.
2. 设函数 $f(x)=x^2, g(x)=e^x$,则 $f[g(x)]=$________,$g[f(x)]=$________.
3. 复合函数 $y=\tan x^2$ 可分解为________和________.
4. 函数 $y=1+\sin 5x$ 的周期 $T=$________.
5. 已知 $f\left(x+\dfrac{1}{x}\right)=x^2+\dfrac{1}{x^2}-2$,则 $f(x)=$________.
6. 已知 $f(x)=\begin{cases}1-x, & x>0\\ 1, & x=0\\ 0, & x<0\end{cases}$,则 $f(f(f(-1)))=$________.
7. $\arccos\left(-\dfrac{1}{2}\right)=$________.
8. 若 $f(x)$ 是偶函数,则 $f(\sqrt{3}+2)-f\left(\dfrac{1}{\sqrt{3}-2}\right)=$________.

二、选择题

1. 函数 $y=\ln(1+x)$ 在区间(　　)内有界.

A. $(-1,+\infty)$;　　B. $(-1,1)$;　　C. $(-1,0)$;　　D. $(0,1)$.

2. 下列函数中为奇函数的是(　　).

A. $y=x+\cos x$;　　B. $y=x^2\ln(1+x)$;

C. $y=x\cos x$;　　D. $y=2^x+2^{-x}$.

3. 下列函数对中不为同一个函数的是(　　).

A. $f(x)=x-1, g(x)=\dfrac{x^2-1}{x+1}$;　　B. $f(x)=3\ln x, g(x)=\ln x^3$;

C. $f(x)=\ln e^x, g(x)=x$;　　D. $f(x)=x\cdot\sqrt{x}, g(x)=\sqrt{x^3}$.

4. 下列函数中为复合函数的是(　　).

A. $y=x^2+1$;　B. $y=3\sin x$;　C. $y=\sin 3x$;　D. $y=x|x|$.

5. 函数 $y=\sin\sqrt{x}$ 的定义域是(　　).

A. $(-\infty,+\infty)$;　B. $(0,+\infty)$;　C. $[0,+\infty)$;　D. $\left[-\frac{\pi}{2},\frac{\pi}{2}\right]$.

6. 设 $f(e^x)=x$,则 $f(10)=$(　　).

A. e^{10};　B. 10;　C. $\ln 10$;　D. 10^e.

7. 下列命题正确的是(　　).

A. 奇函数的图像一定通过原点;

B. 偶函数的图像一定与 y 轴相交;

C. 既是奇函数又是偶函数的函数一定是 $f(x)=0(x\in\mathbf{R})$;

D. 因为 $y=\cos x$ 是偶函数,所以 $y=\arccos x$ 是偶函数.

8. 下列四个函数中是无界函数的个数是(　　).

① $y=\arcsin x$　② $y=\arccos x$　③ $y=\arctan x$　④ $y=\text{arccot}\, x$

A. 0 个;　B. 1 个;　C. 2 个;　D. 3 个.

9. 若函数 $f(x)$的定义域为$(0,1)$,则函数 $f(2^x)$的定义域为(　　).

A. $(0,1)$;　B. $(-1,0)$;　C. $(0,+\infty)$;　D. $(-\infty,0)$.

10. 已知函数 $f(x)=\frac{1}{1-x}$,则 $f[f(x)]=$(　　).

A. $\frac{1}{1+x}$;　B. $\frac{1}{1-x}$;　C. $1+\frac{1}{x}$;　D. $1-\frac{1}{x}$.

三、解答题

1. 求下列函数的定义域:

(1) $y=\frac{\sqrt{4-x^2}}{x-1}$　　(2) $y=\sqrt{|3-2x|-5}$

2. 把下列复合函数分解成简单函数：

(1) $y=\sin^2\left(2x-\frac{\pi}{3}\right)$　　(2) $y=\arcsin[\sin^2(3x+1)]$

3. 已知函数 $f(x)=\begin{cases}x^2+2x, & x\leqslant 0\\ 0, & x>0\end{cases}$，求 $f(x-1)$.

4. 设函数 $f(x)=\begin{cases}\ln(1+x), & |x|<1\\ \sin x, & |x|\geqslant 1\end{cases}$，求函数的定义域和 $f(0)$，$f\left(\frac{\pi}{2}\right)$，$f(-\pi)$.

5. 判断函数 $f(x)=\frac{|x-2|-2}{\sqrt{1-x^2}}$ 的奇偶性.

四、讨论题

1. 讨论函数 $f(x)=\begin{cases}1-x, x\leqslant 0\\1+x, x>0\end{cases}$ 的奇偶性.

2. 从有关方面获悉，在某市农村已经实行了农民新型合作医疗保险制度.享受医保的农民可在规定的医院就医并按规定报销部分费用.医疗费用报销的标准见表 1.4 所示.

表 1.4

医疗费用范围	门诊	住院		
		0～5000 元	5000～20000 元	20000 元以上
每年报销比例标准	30%	30%	40%	50%

说明：住院医疗费用的报销分段计算.如：某人住院医疗费用共 30000 元，则 5000 元按 30%报销；15000 元按 40%报销；余下的 10000 元按 50%报销.题中涉及到的医疗费用均指允许报销的医疗费.

(1) 某农民在 2006 年门诊看病自己共支付医疗费 179.2 元，则他在这一年中的门诊医疗费用是多少元？

(2) 设某农民一年中住院的实际医疗费用为 x 元，按标准报销的金额为 y 元，试写出 y 与 x 的函数关系式；

(3) 若某农民一年内本人自付住院医疗费用 17000 元，则该农民当年实际医疗费用共多少元？

C层题

一、填空题

1. 函数 $y=\sqrt{x-2}$ 的定义域是________.

2. 设函数 $f(x)=\begin{cases}\ln(1-x), & x\leqslant 0\\ x^2+1, & x>0\end{cases}$,则 $f(0)=$________,$f(3)=$________.

3. $\sin\dfrac{\pi}{2}=$______,$\arcsin\dfrac{1}{2}=$______.

4. 函数 $y=x^3$ 的图像关于________对称(填 x 轴、y 轴或坐标原点).

5. 复合函数 $y=(2-x)^2$ 可分解为________和________.

6. 已知 $f(x)=\sqrt{x}$,$g(x)=\sin x$,则 $f[g(x)]=$________,$g[f(x)]=$________.

二、选择题

1. 下列函数中为奇函数的是(　　).

A. $y=x^2$;　B. $y=\sqrt{x}$;　C. $y=\dfrac{1}{x}$;　D. $y=1$.

2. 在区间$(0,+\infty)$上单调增加的函数是(　　).

A. $y=x$;　B. $y=\sin x$;　C. $y=\dfrac{1}{x}$;　D. $y=\tan x$.

3. 下列函数对中为同一个函数的是(　　).

A. $f(x)=x,g(x)=|x|$;　B. $f(x)=x,g(x)=\dfrac{x^2}{x}$;

C. $f(x)=1,g(x)=\dfrac{x}{x}$;　D. $f(x)=|x|,g(x)=\sqrt{x^2}$.

4. 下列函数中为复合函数的是(　　).

A. $y=2x$;　B. $y=x+1$;　C. $y=|x|$;　D. $y=\cos 3x$.

5. 下列函数中为初等函数的是(　　).

A. $y=D(x)$(狄利克雷函数);　B. $y=\operatorname{sgn} x$;

C. $y=\begin{cases}\dfrac{\sin x}{x}, & x\neq 0\\ 0, & x=0\end{cases}$;　D. $y=\sqrt{5x+3}$.

6. 下列函数中为有界函数的是(　　).

A. $y=\ln x$;　B. $y=e^x$;　C. $y=x^3$;　D. $y=\sin x$.

7. 下列函数在区间$(0,1)$上无界的是(　　).

A. $y=\tan x$;　B. $y=\dfrac{1}{x}$;　C. $y=x^2$;　D. $y=\cos x$.

8. 函数 $y=\sin\dfrac{x}{2}$的周期是(　　).

A. 2π;　B. π;　C. 4π;　D. $\dfrac{\pi}{2}$.

9. 下列函数中与函数 $y=x$ 相同的是(　　).

A. $y=|x|$；　B. $y=\frac{x^2}{x}$；　C. $y=\sqrt[3]{x^3}$；　D. $y=\sqrt{x^2}$.

10. 函数 $y=3\tan^2 x$ 可分解为(　　).

A. $y=3u^2, u=\tan x$；　B. $y=3u, u=\tan^2 x$；

C. $y=3u^2, u=\tan v, v=x$；　D. $y=3u, u=v^2, v=\tan x$.

三、解答题

1. 已知函数 $f(x)=x^2+x-1$,求 $f(-3), f(x+1), f(2x)$.

2. 求下列函数的定义域:

(1) $y=\frac{1}{x^2-3x+2}$　(2) $y=\sqrt{4-x^2}$

3. 把下列复合函数分解成简单函数:

(1) $y=\cos\frac{x+1}{2}$　(2) $y=e^{\sin 6x}$

4. 判断下列函数的奇偶性:

(1) $f(x)=x^2(x+1)(x-1)$　(2) $f(x)=\frac{e^x-1}{e^x+1}$

5. 已知函数 $f(x)=3x+1, g(x)=x^2$，求：

(1) $f[g(x)]$；(2) $g[f(x)]$；(3) 满足 $f[g(x)]=g[f(x)]$ 的 x 值.

四、应用题

1. 国际航空信件的邮资标准是 10 克以内邮资 4 元；若超过 10 克，则超过部分每克收取 0.3 元，且信件重量不能超过 200 克.

(1) 试建立邮资 y 与信件重量 x 之间的函数模型；

(2) 求信件重量为 30 克时的邮资.

2. 一个批发与零售兼营的文具店规定，凡是一次购买铅笔 301 支以上(包括 301 支)，可以按批发价付款；购买 300 支以下(包括 300 支)只能按零售价付款.现有学生小王来购买铅笔，如果给学校初三年级学生每人买 1 支，则只能按零售价付款，需用 (m^2-1) 元 $(m^2-1>100$，且 m 为正整数$)$；如果多买 60 支，则可以按批发价付款，同样需用 (m^2-1) 元.

(1) 设这个学校初三年级共有 x 名学生，求 x 的取值范围；

(2) 用含 x, m 的代数式表示铅笔的零售价和批发价.

第 2 章　极限与连续

练习题 2.1

1. 求下列极限：

(1) $\lim\limits_{x\to 0^-}\left(2e^{\frac{1}{x}}-\arctan\frac{1}{x}\right)$　　(2) $\lim\limits_{x\to 1}\frac{x^3-1}{x^4-1}$　　(3) $\lim\limits_{x\to +\infty}\frac{e^x-e^{-x}}{e^x+e^{-x}}$

2. 求下列极限：

(1) $\lim\limits_{x\to 4}\frac{\sqrt{2x+1}-3}{\sqrt{x-2}-\sqrt{2}}$　　(2) $\lim\limits_{x\to +\infty}\left(\sqrt{x+\sqrt{x}}-\sqrt{x}\right)$

(3) $\lim\limits_{x\to 1}\frac{\sqrt[4]{x}-1}{\sqrt[3]{x}-1}$　　(4) $\lim\limits_{x\to -1}\left(\frac{1}{x+1}-\frac{3}{x^3+1}\right)$

3. 求下列极限：

(1) $\lim\limits_{n\to\infty}\left(1-\frac{1}{2^2}\right)\left(1-\frac{1}{3^2}\right)\cdots\left(1-\frac{1}{n^2}\right)$　　(2) $\lim\limits_{n\to\infty}\left(\frac{1}{n^k}+\frac{2}{n^k}+\cdots+\frac{n}{n^k}\right)$

4. 已知$\lim\limits_{x\to\infty}\left(\dfrac{x^2+2x-1}{x+1}-ax-b\right)=0$，求$a$，$b$的值.

5. 讨论$f(x)=\begin{cases}\dfrac{2^{\frac{1}{x}}-1}{2^{\frac{1}{x}}+1}, & x\neq 0\\ 1, & x=0\end{cases}$在$x=0$处的极限是否存在.

6. 设$f(x)=\begin{cases}x+a, & x<0\\ 1+x^2, & x>0\end{cases}$，试问$a$为何值时，$f(x)$在$x=0$处的极限存在？

B层题

1. 写出下列各数列的极限：

(1) $\lim\limits_{n\to\infty}\dfrac{(-1)^n}{n}=$______；(2) $\lim\limits_{n\to\infty}\dfrac{1+(-1)^n}{3}=$______；(3) $\lim\limits_{n\to\infty}\sin\dfrac{n\pi}{2}=$______.

2. 观察函数图像，写出下列函数的极限：

(1) $\lim\limits_{x\to+\infty}\left(\dfrac{1}{2}\right)^x=$______，$\lim\limits_{x\to-\infty}\left(\dfrac{1}{2}\right)^x=$______，$\lim\limits_{x\to\infty}\left(\dfrac{1}{2}\right)^x=$______；

(2) $\lim\limits_{x\to+\infty}\ln x=$______，$\lim\limits_{x\to0^+}\ln x=$______，$\lim\limits_{x\to e}\ln x=$______；

(3) $\lim\limits_{x\to\infty}\sin x=$______，$\lim\limits_{x\to\frac{\pi}{3}}\sin x=$______.

3. 求下列极限：

(1) $\lim\limits_{x\to 0}\dfrac{x+4}{x-2}$

(2) $\lim\limits_{x\to\infty}\left(5+\dfrac{1}{x}\right)\left(2-\dfrac{1}{x^2}\right)$

(3) $\lim\limits_{x\to -1}\dfrac{x^2-2x-3}{x^2+5x+4}$

(4) $\lim\limits_{x\to 2}\left(\dfrac{x^2}{x^2-4}-\dfrac{1}{x-2}\right)$

(5) $\lim\limits_{x\to 0}\dfrac{\sqrt{1+2x}-\sqrt{1-x}}{x}$

(6) $\lim\limits_{x\to\infty}\dfrac{(4x+1)^{30}(9x+2)^{20}}{(6x-1)^{50}}$

(7) $\lim\limits_{n\to\infty}\dfrac{1+2+\cdots+n}{n^2}$

(8) $\lim\limits_{x\to+\infty}\left(\sqrt{(x+1)(x+2)}-x\right)$

4. 已知$\lim\limits_{x\to 1}\dfrac{x^2+ax+b}{x-1}=2$，求 a,b.

5. 判定$\lim\limits_{x\to\infty}\dfrac{1}{e^x}=0$ 是否正确，为什么？

6. 已知函数 $y=\arctan\frac{1}{x}$，讨论当 $x\to 0$ 时函数的极限是否存在.

1. 填空题：

(1) $\lim\limits_{n\to\infty}\left(\frac{2}{3}\right)^n=$________；

(2) $\lim\limits_{n\to\infty}\frac{1}{n}=$________；

(3) $\lim\limits_{n\to\infty}\frac{2n-1}{3n+1}=$________；

(4) $\lim\limits_{n\to+\infty}(-1)^n=$________.

2. 观察下列函数图像，写出函数的极限：

(1) $\lim\limits_{x\to\infty}\frac{1}{x}=$________；

(2) $\lim\limits_{x\to-\infty}2^x=$________，$\lim\limits_{x\to+\infty}2^x=$________，$\lim\limits_{x\to\infty}2^x=$________；

(3) $\lim\limits_{x\to-\infty}\arctan x=$________，$\lim\limits_{x\to+\infty}\arctan x=$________，$\lim\limits_{x\to\infty}\arctan x=$________；

(4) $\lim\limits_{x\to1}\ln x=$________，$\lim\limits_{x\to0}e^x=$________，$\lim\limits_{x\to\pi}\sin x=$________.

3. 求下列函数极限：

(1) $\lim\limits_{x\to1}(3x^2+2x-1)$

(2) $\lim\limits_{x\to1}\frac{x^2-2x+1}{x^2-1}$

(3) $\lim\limits_{x\to+\infty}\left(\frac{3}{x}+2\arctan x\right)$

(4) $\lim\limits_{x\to8}\frac{x-8}{x^2-64}$

(5) $\lim\limits_{x \to 1} \dfrac{\sqrt{x}-1}{x-1}$

(6) $\lim\limits_{x \to 0} \dfrac{\sqrt{1+2x}-1}{x}$

4. 求下列函数极限：

(1) $\lim\limits_{x \to 1} \left(\dfrac{1}{x-1}-\dfrac{2}{x^2-1}\right)$

(2) $\lim\limits_{x \to 3} \left(\dfrac{2x}{x^2-9}-\dfrac{1}{x-3}\right)$

5. 求下列函数极限：

(1) $\lim\limits_{x \to \infty} \dfrac{x-1}{x+1}$

(2) $\lim\limits_{x \to \infty} \dfrac{3x-1}{x^2+1}$

(3) $\lim\limits_{x \to \infty} \dfrac{3x^2+1}{2x^2-x+1}$

(4) $\lim\limits_{n \to \infty} \dfrac{2^n+3^n}{2^n-3^n}$

6. 讨论 $f(x)=\begin{cases} 1, & x<0 \\ x-1, & x \geqslant 0 \end{cases}$ 在 $x=0$ 处极限是否存在.

练习题 2.2 与 2.3

1. 求$\lim\limits_{x\to 0}\dfrac{3\sin x+x^2\cos\dfrac{1}{x}}{(1+\cos x)\ln(1+x)}$.

2. 求$\lim\limits_{x\to 0}\dfrac{\sqrt{1+\sin 2x}-1}{e^{3x}-1}$.

3. 求$\lim\limits_{x\to \frac{\pi}{2}}\dfrac{\sin(\cos x)}{x-\dfrac{\pi}{2}}$.

4. 求$\lim\limits_{x\to \infty}\left(\dfrac{x^2-x+1}{x^2-2x+3}\right)^{x+1}$.

5. 若$\lim\limits_{x\to\infty}\left(\dfrac{x+2a}{x-a}\right)^{x}=8$,求 a.

6. 求$\lim\limits_{x\to 0}\left(\dfrac{2+e^{\frac{1}{x}}}{1+e^{\frac{4}{x}}}+\dfrac{\sin x}{|x|}\right)$.

1. 下列函数,何时为无穷大量? 何时为无穷小量?

(1) $y=\ln x$　(2) $y=e^{-x}$　(3) $y=x^2+x-2$　(4) $y=\dfrac{x+1}{x^2-4}$

2. 求下列极限:

(1) $\lim\limits_{x\to\infty}\dfrac{\sqrt{x}}{x+1}\arctan(x+1)$　(2) $\lim\limits_{n\to\infty}(\sqrt{n+1}-\sqrt{n-1})$

(3) $\lim\limits_{n\to\infty}\frac{1}{n}\sin\frac{n\pi}{2}$

3. 已知当 $x\to 0$ 时，函数 $e^{ax}-1$ 与函数 $\tan 2x$ 是等价无穷小，求 a 的值.

4. 求下列极限：

(1) $\lim\limits_{x\to 2}\frac{\sin(x-2)}{x^2-4}$

(2) $\lim\limits_{x\to 0^+}\frac{\sqrt{1+2x}-1}{1-\cos\sqrt{x}}$

(3) $\lim\limits_{x\to\infty}x\arcsin\frac{2x-1}{x^2+1}$

(4) $\lim\limits_{x\to 0}\frac{e^x-e^{\sin x}}{x-\sin x}$

(5) $\lim\limits_{x\to\pi}\frac{\sin x}{\pi-x}$

(6) $\lim\limits_{x\to 0}\frac{2x-\sin x}{x+3\sin x}$

5. 证明：当 $x\to 0$ 时，$\sqrt[n]{1+x}-1\sim\frac{x}{n}(n\in\mathbf{N}^+)$.

6. 求下列极限：

(1) $\lim\limits_{x\to\infty}\left(1-\frac{3}{x}\right)^{x+1}$

(2) $\lim\limits_{x\to 1}x^{\frac{1}{x-1}}$

(3) $\lim\limits_{x\to\infty}\left(\frac{x-a}{x+a}\right)^{-x}$

1. 下列函数在 x 的何种变化趋势下是无穷大量？又在何种变化趋势下是无穷小量？

(1) $y=x-1$　(2) $y=\frac{1}{x}$　(3) $y=e^x$　(4) $y=\frac{x-1}{x-2}$

2. 求下列极限：

(1) $\lim\limits_{x\to\infty}\frac{\sin 2x}{x}$　(2) $\lim\limits_{x\to\infty}\frac{x-\cos x}{x}$

(3) $\lim\limits_{x\to 0}x^2\arctan\frac{1}{x}$　(4) $\lim\limits_{x\to\infty}\frac{x}{x^2+1}\cos(x+1)$

3. 求下列极限：

(1) $\lim\limits_{x\to 0}\frac{e^x-1}{\tan 2x}$　(2) $\lim\limits_{x\to 0}\frac{\arcsin 3x}{x}$　(3) $\lim\limits_{x\to 0}\frac{\ln(1+x^2)}{x\sin x}$

(4) $\lim\limits_{x\to+\infty} x\sin\dfrac{1}{2x}$ (5) $\lim\limits_{x\to0}\dfrac{\sqrt{1+x^2}-1}{1-\cos x}$ (6) $\lim\limits_{x\to0}\dfrac{\arctan x^2}{1-\cos 2x}$

4. 求下列极限：

(1) $\lim\limits_{x\to1}\dfrac{1}{x^2-1}$ (2) $\lim\limits_{x\to1}\dfrac{x}{x^2-1}$

(3) $\lim\limits_{x\to\infty}\dfrac{1}{2x+1}$ (4) $\lim\limits_{x\to+\infty}(\sqrt{x^2+1}-x)$

5. 求下列极限：

(1) $\lim\limits_{x\to0}(1+6x)^{\frac{2}{x}}$ (2) $\lim\limits_{x\to0}\left(1+\dfrac{x}{3}\right)^{\frac{1}{2x}}$ (3) $\lim\limits_{x\to0}(1-5x)^{\frac{1}{x}}$

(4) $\lim\limits_{x\to\infty}\left(1+\dfrac{1}{2x}\right)^{x}$ (5) $\lim\limits_{x\to\infty}\left(1+\dfrac{5}{x}\right)^{3x}$ (6) $\lim\limits_{x\to\infty}\left(1-\dfrac{1}{x}\right)^{4x}$

6. 求$\lim\limits_{x\to\infty}\left(\dfrac{x-3}{x-2}\right)^{x}$.

练习题 2.4

1. 设 $f(x)=\begin{cases} xg\left(\dfrac{1}{x}\right), & x\neq 0 \\ 0, & x=0 \end{cases}$,其中 $g(x)$ 为有界函数,问 $f(x)$ 在 $x=0$ 处是否连续?

2. 设 $f(x)=\begin{cases} \dfrac{\sin 2x+e^{-4x}-1}{x}, & x\neq 0 \\ 1, & x=0 \end{cases}$,问 $f(x)$ 在 $x=0$ 处是否连续?若不连续,修改 $f(x)$ 在 $x=0$ 处的定义,使之连续.

3. 求 $f(x)=\dfrac{\ln|x|}{x^2-3x+2}$ 的间断点,并指出其类型.

4. 讨论 $f(x)=\lim\limits_{n\to\infty}\dfrac{1-x^{2n}}{1+x^{2n}}x$ 的连续性,若有间断点,判断其类型.

5. 证明:方程 $x^4-3x^2-x=1$ 至少有一正根,有一负根.

6. 设 $f(x)$在$[0,a]$上连续$(a>0)$,且 $f(0)=f(a)$,证明方程 $f(x)=f\left(x+\dfrac{a}{2}\right)$在$(0,a)$内至少有一个实根.

B层题

1. 讨论 $f(x)=\begin{cases}\dfrac{1}{1+e^{\frac{1}{x}}}, & x\neq 0\\ 0, & x=0\end{cases}$ 在 $x=0$ 处的连续性.

2. 已知 $f(x)=\begin{cases} a+bx^2, x\leqslant 0 \\ \dfrac{\sin bx}{2x}, \quad x>0 \end{cases}$ 在 $x=0$ 处连续，问 a,b 应满足什么条件？

3. 设 $f(x)=\dfrac{x(x+1)(x+2)}{x^2-4}$，求 $f(x)$的间断点并指出其类型.

4. 讨论 $f(x)=\dfrac{x}{\sin x}$的连续性，若有间断点，判断其类型.

5. 求下列极限：

(1) $\lim\limits_{x\to 0}(\ln|\sin x|-\ln|x|)$

(2) $\lim\limits_{x\to +\infty} x[\ln(x+1)-\ln x]$

(3) $\lim\limits_{x\to 0}(1-\sin x)^{\frac{1}{x}}$

(4) $\lim\limits_{x\to \infty}\sec\left[\ln\left(1+\dfrac{x+1}{x^2}\right)\right]$

6. 证明：$x=\sin x+2$ 至少有一个不超过 3 的正实根.

C层题

1. 写出下列函数的连续区间：

(1) $f(x)=\dfrac{1}{\sqrt{1-x}}$

(2) $f(x)=\ln(x-3)$

(3) $f(x)=\dfrac{1}{x^2-25}$

(4) $f(x)=\sqrt{x-1}\ln(4-x)$

2. 已知函数 $f(x)=\begin{cases}\dfrac{\sin x}{x}, & x\neq 0\\ a, & x=0\end{cases}$ 在 $x=0$ 处连续，求 a 的值.

3. 讨论 $f(x)=\begin{cases}(1+x)^{\frac{1}{x}}, & x\neq 0\\ -1, & x=0\end{cases}$ 在 $x=0$ 处的连续性.

4. 讨论下列函数的连续性，如有间断点，指出其类型：

(1) $f(x)=\dfrac{1}{x-2}$　(2) $f(x)=\dfrac{x-2}{x+1}$　(3) $f(x)=\dfrac{x+1}{x^2-1}$

5. 讨论 $f(x)=\begin{cases} e^x-1, & x<0 \\ 1, & x=0 \\ x, & x>0 \end{cases}$ 的连续性，如有间断点，指出其类型.

6. 求下列极限：

(1) $\lim\limits_{x\to\frac{\pi}{2}}[\ln(\sin x)]$　(2) $\lim\limits_{x\to 4}\sqrt{\dfrac{x-4}{x^2-16}}$

(3) $\lim\limits_{x\to\infty} e^{\frac{1}{x}}$

复习与自测题 2

本章知识结构与要点

1. 知识结构

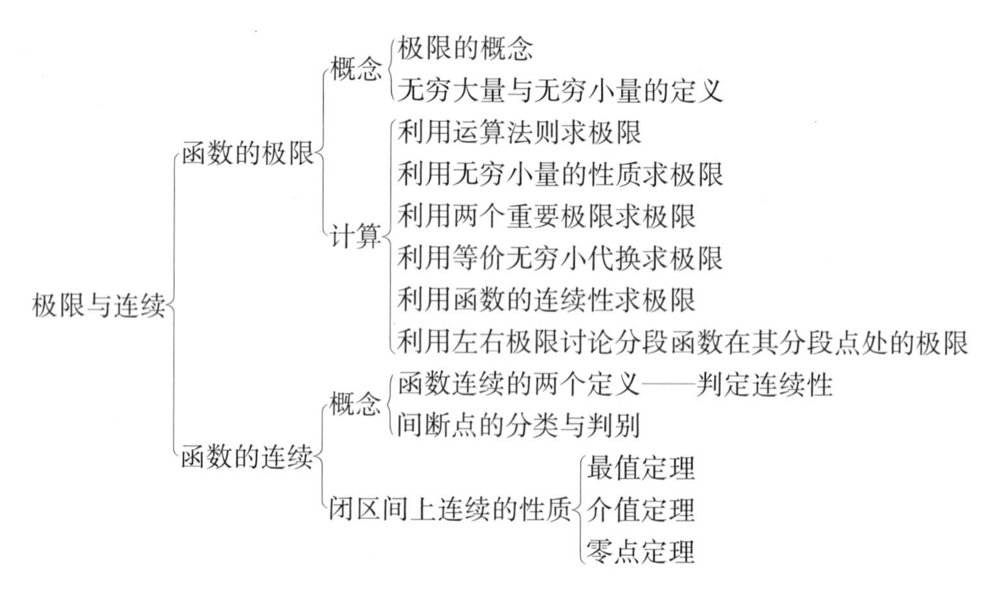

2. 注意要点

(1) 函数 $f(x)$ 在点 x_0 处是否有极限与 $f(x)$ 在点 x_0 处是否有定义无关，与点 x_0 处的函数值也无关.

(2) 直接利用极限的四则运算法则求极限时，要留心题目中所涉及的函数必须在同一变化趋势下极限存在，特别地，求分式的极限要求分母极限不为零.

(3) 利用等价无穷小代换求极限时，应注意等价代换是对分子或分母的整体(或对分子、分母的因式)进行替换，而对分子或分母中的"+"、"−"连接的各部分不能进行替换.

(4) 利用连续定义(两个定义)判定函数连续性时，恰当选择哪个定义很重要，方法得当会降低解题难度或简化解题过程.

一、填空题

1. $\lim\limits_{n\to\infty}\dfrac{1+3+5+\cdots+(2n-1)}{(n^3+1)\sin\dfrac{1}{n}}=$__________.

2. 已知 $\lim\limits_{x\to+\infty}(\sqrt{x^2-x+1}-ax-b)=0$，则常数 $a=$__________，$b=$__________.

3. 已知$\lim\limits_{x\to\infty}\left(\frac{x-k}{x}\right)^{-2x}=\lim\limits_{x\to\infty}\left(x\sin\frac{2}{x}\right)$,则 $k=$________.

4. 已知当 $x\to 0$ 时,$(2\sin x-\sin 2x)\sim x^k$,则 $k=$________.

5. 设 $f(x)=\frac{1-\sqrt{1-x}}{1-\sqrt[3]{1-x}}$,为使 $f(x)$在 $x=0$ 连续,应补充定义 $f(0)=$________.

6. 已知函数 $f(x)$在 x_0 处连续,则 $f^2(x)$在 x_0 处________(填“连续”或“间断”).

7. $\lim\limits_{x\to 0}(1+3x)^{x+\frac{1}{x}}=$________.

8. 已知$\lim\limits_{x\to\infty}f(x)=A$,且$\lim\limits_{x\to\infty}f(x)\cdot\sin x=0$,则 $A=$________.

9. $\lim\limits_{x\to 0}\frac{\sqrt[3]{(x+1)^2}-1}{x}=$________.

二、选择题

1. 设$\lim\limits_{x\to 1}f(x)$ 存在,且 $f(x)=x^2+2x\lim\limits_{x\to 1}f(x)$,则$\lim\limits_{x\to 1}f(x)=$(　　).

A. $\frac{1}{3}$;　　B. 1;　　C. -1;　　D. 3.

(提示:令$\lim\limits_{x\to 1}f(x)=a$)

2. 若$\lim\limits_{x\to 0}\frac{x^k\sin\frac{1}{x}}{\sin x^2}=0$,则 k 的取值范围是(　　).

A. $k\leqslant 2$;　　B. $k>2$;　　C. $k<1$;　　D. $k\geqslant 1$.

3. 若$\lim\limits_{x\to 0}\frac{f(ax)}{x}=\frac{1}{2}$,则$\lim\limits_{x\to 0}\frac{f(bx)}{x}=$(　　).

A. $\frac{b}{2a}$;　　B. $\frac{1}{2ab}$;　　C. $\frac{ab}{2}$;　　D. $\frac{a}{2b}$.

4. $\lim\limits_{x\to 0}\frac{|\sin x|}{x}=$(　　).

A. 0;　　B. 1;　　C. ∞;　　D. 不存在.

5. 设 $f(x)$在$(-\infty,+\infty)$内有定义,且$\lim\limits_{x\to 0}f(x)=a$,$g(x)=\begin{cases}f(x), x\neq 0\\ 0, x=0\end{cases}$,则(　　).

A. $x=0$ 必是 $g(x)$的第一类间断点;

B. $x=0$ 必是 $g(x)$的第二类间断点;

C. $x=0$ 必是 $g(x)$的连续点;

D. $g(x)$在点 $x=0$ 处连续性与 a 的取值有关.

6. 设 $f(x)=\lim\limits_{x\to\infty}\frac{3nx}{1-nx}$,则它的连续区间是(　　).

A. $(-\infty,+\infty)$;　　B. $x\neq\frac{1}{n}$(n 为正整数);

C. $(-\infty,0)\cup(0,+\infty)$;　　D. $x\neq 0$ 及 $x\neq\frac{1}{n}$.

7. 已知函数 $f(x)=\dfrac{x^2-2x-3}{x^2-9}$，则 $x=3$ 是 $f(x)$ 的(　　).

A. 跳跃间断点；　B. 可去间断点；　C. 无穷间断点；　D. 连续点.

8. 当 $x\to 0$ 时，下列无穷小中与 x 等价的是(　　).

A. $x+\sin x$；　B. $\tan x-\sin x$；

C. $\sqrt{1+x}-\sqrt{1-x}$；　D. $\arcsin 2x$.

9. 下列数列 $\{x_n\}$ 中，收敛的是(　　).

A. $x_n=(-1)^n n$；　B. $x_n=\cos n\pi$；

C. $x_n=\dfrac{1+(-1)^n}{n}$；　D. $x_n=\sin\dfrac{(n+1)\pi}{2}$.

10. 下列等式正确的是(　　).

A. $\lim\limits_{x\to 0} x\sin\dfrac{1}{x}=1$；　B. $\lim\limits_{x\to 0}\dfrac{\sin\frac{1}{x}}{x}=1$；　C. $\lim\limits_{x\to\infty}\dfrac{\sin x}{x}=1$；　D. $\lim\limits_{x\to\infty} x\sin\dfrac{1}{x}=1$.

三、解答题

1. 求 $\lim\limits_{x\to a}\dfrac{\cos x-\cos a}{x-a}$.（提示：$\cos(x+y)=\cos x\cos y-\sin x\sin y$）

2. 设 $f(x-2)=\left(1-\dfrac{3}{x}\right)^x$，求 $\lim\limits_{x\to\infty} f(x)$.

3. 求 $\lim\limits_{n\to\infty}\dfrac{\sqrt[3]{n^2}\sin n!}{n+1}$.

4. $\lim\limits_{n\to\infty}\dfrac{n^{\alpha}}{n^{\beta}-(n-1)^{\beta}}=2011$，求 α,β 的值.(提示：当 $x\to 0$ 时，$(1+x)^{\alpha}-1\sim \alpha x$，$\alpha$ 是常数)

5. 求 $f(x)=\dfrac{e^{\frac{1}{x}}-e^{-\frac{1}{x}}}{e^{\frac{1}{x}}+e^{-\frac{1}{x}}}+\dfrac{\sin x}{|x|}$ 在 $x=0$ 处的左、右极限.

四、讨论题

1. 讨论 $y=\dfrac{\cos\frac{\pi x}{2}}{x(x^2-1)}$ 的间断点，并说明它是哪类间断点；对于可去间断点，补充函数的定义，使函数在该点连续.

2. 设函数 $f(x)$ 在闭区间 $[0,2a]$ 上连续，且 $f(0)=f(2a)$，试证明：方程 $f(x)-f(x+a)=0$ 在 $[0,a]$ 上至少有一个正根.

一、填空题

1. 若$\{u_n\}$是有界数列，则$\lim\limits_{n\to+\infty}\frac{u_n}{n}=$__________.

2. 已知$\lim\limits_{x\to1}\frac{x^2+ax+b}{\sin(x^2-1)}=3$，则$a=$__________，$b=$__________.

3. 已知$\lim\limits_{x\to\infty}\left(1+\frac{k}{x}\right)^x=\sqrt{e}$，则$k=$__________.

4. 当$x\to0$时，$\sqrt{1+ax^2}-1$与$1-\cos x$等价，则$a=$__________.

5. 设$f(x)=\frac{\sin x}{x}$，为了使函数$f(x)$在$x=0$连续，应补充定义$f(0)=$__________.

6. 函数$f(x)=2^{\frac{1}{x}}$，当$x\to$______时是无穷大量，当$x\to$______时是无穷小量.

7. 函数$f(x)=\sqrt{x^2-1}$的连续区间是________.

8. $x=0$是函数$y=\frac{\sin x}{x^2}$的______间断点.

二、选择题

1. $\lim\limits_{x\to1^+}f(x)=2$，以下结论正确的是(   ).

A. 函数在$x=1$处有定义且$f(1)=2$；

B. 函数在$x=1$处的某空心邻域内有定义；

C. 函数在$x=1$的右侧某邻域内有定义；

D. 函数在$x=1$的左侧某邻域内有定义.

2. $\lim\limits_{x\to0}\frac{x^2\sin\frac{1}{x}}{\sin x}=$(   ).

A. 1；　　B. ∞；　　C. 不存在；　　D. 0.

3. $\lim\limits_{x\to\infty}\frac{3x^2+1}{5x+4}\sin\frac{2}{x}=$(   ).

A. ∞；　　B. 0；　　C. $\frac{6}{5}$；　　D. $\frac{3}{10}$.

4. 已知$f(x)=\frac{|x|}{x}$，则函数在$x=0$处(   ).

A. 极限存在；　　B. 极限不存在；

C. 左、右极限存在且相等；　　D. 左、右极限不存在.

5. 函数$f(x)=\begin{cases}x+1, & x>-1\\ a, & x=-1\\ 2x+b, & x<-1\end{cases}$在$x=-1$处连续的充分必要条件是(   ).

A. $a=0$，b任意；　　B. a任意，$b=0$；

C. a, b 都任意；　　D. $a=0, b=2$.

6. 已知 $f(x)=\frac{e^x-1}{x}$，则 $x=0$ 是函数 $f(x)$ 的(　　).

A. 连续点；　　B. 可去间断点；

C. 跳跃间断点；　　D. 无穷间断点.

7. $\lim\limits_{x\to 0}\arctan\frac{1}{x}=$(　　).

A. $\frac{\pi}{2}$；　　B. $-\frac{\pi}{2}$；　　C. ∞；　　D. 不存在

8. 函数 $f(x)=\frac{\tan x}{x}$ 间断点的个数是(　　).

A. 1 个；　　B. 2 个；　　C. 有限多个；　　D. 无限多个

9. $\lim\limits_{x\to\infty}\frac{x-\sin x}{x}=$(　　).

A. 0；　　B. 1；　　C. ∞；　　D. -1.

10. 下列命题正确的是(　　)

A. 零是无穷小量；　　B. 无穷小量的代数和仍是无穷小量；

C. 无穷大量的代数和仍是无穷大量；　　D. 无穷小量的倒数是无穷大量.

三、解答题

1. 求 $\lim\limits_{x\to 0}\frac{x^3-\sin x}{x+\sin x}$.

2. 求 $\lim\limits_{x\to 0}(1+3\tan^2 x)^{\cot^2 x}$.

3. 求 $\lim\limits_{x\to\infty}\frac{(4x^2-3)^3(3x-4)^4}{(6x^2+7)^5}$.

4. 已知$\lim\limits_{x\to\infty}\left(\frac{x+c}{x-c}\right)^{x}=4$,求常数 c 的值.

5. 试确定常数 a,b,使得函数 $f(x)=\begin{cases}\frac{\sqrt{1-ax}-1}{x}, & x<0\\ ax+b, & 0\leqslant x\leqslant 1\\ \arctan\frac{1}{x-1}, & x>1\end{cases}$ 在其定义域内连续.

四、讨论题

1. 讨论 $f(x)=\frac{1}{1+\frac{1}{x}}$ 的间断点,并说明它是哪类间断点.

2. 证明方程 $e^{x}=3x$ 至少有一个小于 1 的正根.

一、填空题

1. $\lim\limits_{n\to\infty}\dfrac{2n-1}{n+1}=$________，$\lim\limits_{x\to\infty}\dfrac{2x-1}{x^2+9}=$________.

2. 已知 a,b 为常数，$\lim\limits_{n\to\infty}\dfrac{an^2+bn+2}{2n-1}=2$，则 $a=$________，$b=$________.

3. $\lim\limits_{x\to\infty}\left(1-\dfrac{1}{x}\right)^{2x}=$________，$\lim\limits_{x\to 0}\left(1-\dfrac{x}{6}\right)^{\frac{1}{x}}=$________.

4. 当 $x\to 0$ 时，$1-\cos x$ 与 $a\sin^2\dfrac{x}{2}$ 等价，则 $a=$________.

5. 函数 $f(x)=\dfrac{x^2-1}{x^2-3x+2}$ 的连续区间是________.

6. 函数 $f(x)=3^x$，当 $x\to$________时是无穷大量，当 $x\to$______时是无穷小量.

二、选择题

1. 函数 $y=f(x)$ 在点 $x=x_0$ 处有定义是它在该点处连续的(　　).

A. 必要条件；　B. 充分条件；　C. 充要条件；　D. 无关条件.

2. $\lim\limits_{x\to\infty}x\sin\dfrac{1}{x}=$(　　).

A. 1；　B. ∞；　C. 不存在；　D. 0.

3. $\lim\limits_{x\to 2}\dfrac{x^2-3x+k}{x-2}=1$，则 $k=$(　　).

A. 1；　B. 2；　C. 4；　D. 任意实数.

(提示：$x^2-3x+k=(x-2)(x-1)$)

4. $\lim\limits_{n\to+\infty}\dfrac{a^n}{1+a^n}(a>0)$ 等于(　　).

A. ∞；　B. $\dfrac{1}{2}$；

C. 0；　D. 其极限值与 a 的取值有关.

5. 点 $x=1$ 是 $f(x)=\begin{cases}3x-1, & x<1\\ 1, & x=1\\ 3-x, & x>1\end{cases}$ 的(　　).

A. 连续点；　B. 跳跃间断点；

C. 可去间断点；　D. 第二类间断点.

6. 下列命题正确的是(　　).

A. 无限多个无穷小之和仍是无穷小；

B. 两个无穷大的和仍是无穷大；

C. 无穷大与有界变量(但不是无穷小)的乘积一定是无穷大；

D. 两个无穷大的积仍是无穷大.

7. 当 $x \to 0$ 时，下列函数中比 x 高阶的无穷小是(　　).

A. $e^x - 1$；　B. $\ln(1+3x)$；　C. $\sin x^2$；　D. $\arctan x$.

8. 函数 $f(x)=\dfrac{|x|}{x}$ 的连续区间是(　　).

A. $(0,+\infty)$；　B. $(-\infty,0)$；

C. $(-\infty,0)\cup(0,+\infty)$；　D. $(-\infty,+\infty)$.

9. $\lim\limits_{x\to 0}(1-x)^{\frac{2}{x}}=$(　　).

A. e^2；　B. e^{-2}；　C. $e^{\frac{1}{2}}$；　D. $e^{-\frac{1}{2}}$.

10. $\lim\limits_{x\to\infty}\dfrac{x-1}{3x^2+1}=$(　　).

A. $\dfrac{1}{3}$；　B. -1；　C. ∞；　D. 0.

三、解答题

1. 求 $\lim\limits_{x\to 0}\dfrac{\sin 5x-\sin 3x}{\sin x}$.

2. 求 $\lim\limits_{x\to 0}(1+\sin x)^{\frac{1}{x}}$.

3. 求 $\lim\limits_{n\to\infty}\dfrac{2\times 10^n-3\times 10^{2n}}{3\times 10^n+2\times 10^{2n}}$.

4. 求 $\lim\limits_{x\to\infty}\left(\dfrac{x}{1+x}\right)^x$.

5. 设 $f(x)=\begin{cases} e^x, & x<0 \\ x+a, & x\geqslant 0 \end{cases}$，问常数 a 取何值时，$f(x)$ 在 $(-\infty,+\infty)$ 内连续.

4. 讨论函数 $f(x)=\begin{cases}3x-\ln x, 0<x<1\\ 3x+\ln x, x\geqslant 1\end{cases}$ 在 $x=1$ 处的连续性与可导性.

5. 设函数 $f(x)=\begin{cases}e^{ax}, & x\leqslant 0\\ b(1-x)^2, & x>0\end{cases}$ 在 $x=0$ 处可导,求 a,b.

6. 函数 $y=\dfrac{1}{x}(x>0)$ 在哪一点上的切线与直线 $y=x$ 成60°?

B层题

1. 设 $y=f(x)$ 在 $x=1$ 处可导,且 $f'(1)=2$,求下列极限:

(1) $\lim\limits_{\Delta x\to 0}\dfrac{f(1-3\Delta x)-f(1)}{\Delta x}$　　(2) $\lim\limits_{h\to 0}\dfrac{f(1+2h)-f(1-h)}{h}$

2. 设 $f(x)=(x-a)\varphi(x)$，其中 $\varphi(x)$ 在 $x=a$ 处连续，求 $f'(a)$.

3. 求 $f(x)=\begin{cases}3\sin x+x^2\cos\dfrac{1}{x}, & x\neq 0\\ 0, & x=0\end{cases}$ 在 $x=0$ 处的导数.

4. 讨论 $f(x)=\begin{cases}x^2\arctan\dfrac{1}{x}, & x\neq 0\\ 0, & x=0\end{cases}$ 在 $x=0$ 处的连续性与可导性.

5. 已知 $f(x)=\begin{cases}x^2-1, & x>2\\ ax+b, & x\leqslant 2\end{cases}$，且 $f'(2)$ 存在，求 a，b.

6. 问抛物线 $y=x^2$ 在何处切线与 x 轴正向夹角为 $\frac{\pi}{4}$？并求该处切线方程与法线方程.

1. 用导数定义求下列函数在给定点处的导数值：

(1) $y=x^2+1, x=2$　　(2) $y=x^{-2}, x=1$

2. 已知函数 $y=f(x)$ 在 $x=0$ 处的导数 $f'(0)=8$ 且 $f(0)=0$，求 $\lim\limits_{x\to 0}\frac{f(x)}{x}$.

3. 用导数定义求下列函数的导函数：

(1) $y=3x-2$　　(2) $y=x^3$　　(3) $y=x^4$　　(4) $y=\frac{1}{\sqrt{x}}$

4. 讨论函数 $f(x)=\dfrac{|x-1|}{x-1}$ 在点 $x=1$ 处的可导性.

5. 已知一垂直上抛物体的上升高度 $h(t)=10t-\dfrac{1}{2}gt^2$（米），其中取 $g=10$ 米/秒^2.求：

(1) 物体从 $t=0.9$ 秒到 $t=1$ 秒的平均速度；

(2) 速度函数 $v(t)$；

(3) $t=1$ 秒时的瞬时速度.

6. 求 $y=\cos x$ 在 $x=\dfrac{\pi}{4}$ 处的切线方程与法线方程.

练习题 3.2

1. 设 $y=f[x^2+f(x^2)]$，其中求 $y=f(u)$ 为可导函数，求 y'.

2. 设函数 $f(x)=\begin{cases}\dfrac{x}{1-e^{\frac{1}{x}}}, & x\neq 0\\ 0, & x=0\end{cases}$，求 $f'(x)$.

3. 设函数 $\ln y+\dfrac{x}{y}=0$，求 $\dfrac{dy}{dx}, \left.\dfrac{d^2y}{dx^2}\right|_{x=0}$.

4. 设 $y=\sqrt[3]{\dfrac{x\ln x}{e^x(x^2+1)}}$，求 y'.

5. 设 $(\cos x)^y=(\sin y)^x(\cos x>0, \sin y>0)$，求 y'.

6. 已知$[(ax+b)^{\lambda}]^{(n)}=a^{n}\lambda(\lambda-1)\cdots(\lambda-n+1)(ax+b)^{\lambda-n}$，求$y=\dfrac{x}{x^{2}-x-2}$的$n$阶导数.

B层题

1. 求下列函数的导数：

(1) $y=\dfrac{3x^{2}+\sqrt{x}-\sqrt[3]{x}}{x}$

(2) $y=\left(\sqrt{x}+\dfrac{1}{\sqrt{x}}\right)(x-x^{2})$

(3) $y=\dfrac{\sin x-\cos x}{\sin x+\cos x}$

(4) $y=(\tan x-1)\cdot\sin x$

(5) $y=\dfrac{x\mathrm{e}^{x}}{x^{2}+1}$

(6) $y=\sec x+\tan x$

2. 求下列函数的导数：

(1) $y=\sin^{4}x-\cos^{4}x$

(2) $y=\ln(\sqrt{1+x^{2}}-x)$

(3) $y=3\arctan^3\left(2\tan\dfrac{x}{2}\right)$　　(4) $y=\ln f^2(x)$，其中 f 可导

3. 求 $y=\arctan\sqrt{x^2-1}-\dfrac{\ln x}{\sqrt{x^2-1}}$在点 $x=\sqrt{2}$处的导数.

4. 已知方程 $e^y-xy=x+1$ 确定隐函数 $y=y(x)$，求 $y''(0)$.

5. 求下列函数的导数：

(1) $y=\sqrt{x\sin x\sqrt{1-e^x}}$　　(2) $y=(\cos x)^{x^2}$

6. 求下列函数的 n 阶导数：

(1) $y=xe^x$　　(2) $y=\dfrac{1}{x+1}$　　(3) $y=\dfrac{1}{x(x-1)}$

1. 求下列函数的导数：

(1) $y=2\sin x-3\cos x$

(2) $y=\ln x-\frac{1}{x}+\cos\frac{\pi}{4}$

(3) $y=\arcsin x+\arccos x$

(4) $y=\sqrt{x}+\frac{1}{\sqrt{x}}-\frac{3}{x}+1$

(5) $y=\frac{1}{x}+\frac{2}{x^2}+\frac{3}{x^3}$

(6) $y=e^x+\arctan x+\ln 3$

2. 求下列函数的导数：

(1) $y=e^x\sin x$

(2) $y=x\arcsin x$

(3) $y=\sin x\cos x$

(4) $y=\sqrt[3]{x}\ln x$

(5) $y=x^5\tan x$

(6) $y=(\sqrt{x}+2)\left(3-\frac{1}{\sqrt{x}}\right)$

3. 求下列函数的导数：

(1) $y=\dfrac{e^x}{x^2}$　　(2) $y=\dfrac{\cos x}{\ln x}$

(3) $y=\dfrac{x-2}{x+2}$　　(4) $y=\dfrac{1}{x+\ln x}$

(5) $y=\dfrac{1}{\arctan x}$　　(6) $y=\dfrac{\sin x}{\sin x+\cos x}$

4. 求下列函数的导数：

(1) $y=e^{x^2}$　　(2) $y=\sec\dfrac{1}{x}$　　(3) $y=\arcsin\sqrt{x}$

(4) $y=\ln(x^3-2x)$　　(5) $y=\sqrt{9-x^2}$　　(6) $y=(x^2-3x)^5$

(7) $y=e^{\sin\sqrt{x}}$　　(8) $y=\tan^3(1-x)$

5. 求下列函数的导数：

(1) $y=\tan(\sqrt{x}+\csc x)$　　(2) $y=e^{5x}\sin 2x$　　(3) $y=\sqrt{e^{4x}-x}$

6. 求下列函数的二阶和三阶导数：

(1) $y=\sin\dfrac{x}{6}$　　(2) $y=\ln(x+1)$　　(3) $y=\arctan x$

练习题 3.3

1. 填空：

(1) d(　　　　) $=\sec^2 3x\,dx$.　　　　(2) d(　　　　) $=xe^{x^2}dx$.

(3) d(　　　　) $=\frac{1}{x^2}e^{\frac{1}{x}}dx$.

2. 设 $f(x)=\begin{cases}xe^x-x, & x>0\\ x^3, & x\leqslant 0\end{cases}$，求 $df(x)\big|_{x=0}$.

3. 设 $y=(\arccos\sqrt{x})^2e^{-x}$，求 dy.

4. 设 $y=\frac{(2x+1)^2\sqrt[3]{2-3x}}{\sqrt[3]{(x-3)^2}}$，求 dy.

5. 求由方程 $\sin(xy)-\ln\dfrac{x+1}{y}=1$ 确定的隐函数 y 在 $x=0$ 处的微分.

6. 计算 $\ln 0.98$ 的近似值.

1. 填空：

(1) $d(\qquad)=\dfrac{1}{1+x^2}dx$，$d(\qquad)=\dfrac{x}{1+x^2}dx$

(2) $d(\qquad)=\sqrt{x}\,dx$，$d(\qquad)=e^{\sin x}\cos x\,dx$

2. 求下列函数的微分：

(1) $y=\sin^2\dfrac{1}{x}$　　(2) $y=\arctan\sqrt{\dfrac{x-2}{x+2}}$

3. 设 $y=\arctan^2 2x$，求 $dy\Big|_{x=1}$.

4. 已知函数 f 可导,求下列函数的微分:

(1) $y=\sin f(x^2)$　　(2) $y=f\left(\arcsin\frac{1}{\sqrt{x}}\right)$

5. 设 $y=(1-\sqrt{x})^{\tan x}$,求 dy.

6. 求下列方程确定隐函数 $y=f(x)$ 的微分:

(1) $\cos(2x+y)+y^2=1$　　(2) $e^y=x+y$

1. 填空:

(1) $d\sin x=$______,$d(\sec x-1)=$______.

(2) $d(x^2e^x)=$______,$d(\ln 3x)=$______.

2. 填空:

(1) $d(\quad\quad)=\frac{1}{x}dx$,$d(\quad\quad)=x^2dx$.

(2) $d(\quad\quad)=\sin x dx$,$d(\quad\quad)=e^{3x}dx$.

(3) $dx=(\quad\quad)d(3x-2)$,$xdx=(\quad\quad)d(5x^2-1)$.

3. 求下列函数的微分:

(1) $y=(2x^3-1)^{50}$　　(2) $y=e^{\frac{1}{x}}$

（3）$y=\frac{\sin x}{\sqrt{x}}$

（4）$y=\arctan\frac{x}{3}$

4. 求下列函数在指定点的微分：

（1）$y=\ln\sin x, x=\frac{\pi}{4}$

（2）$y=\sqrt{x^2+1}, x=1$

5. 求函数 $y=3x^2-1$ 在 $x=1, \Delta x=0.1$ 时的改变量 Δy 及微分 $\mathrm{d}y$.

6. 求 $\ln 1.02$ 的近似值.

复习与自测题 3

本章知识结构与要点

1. 知识结构

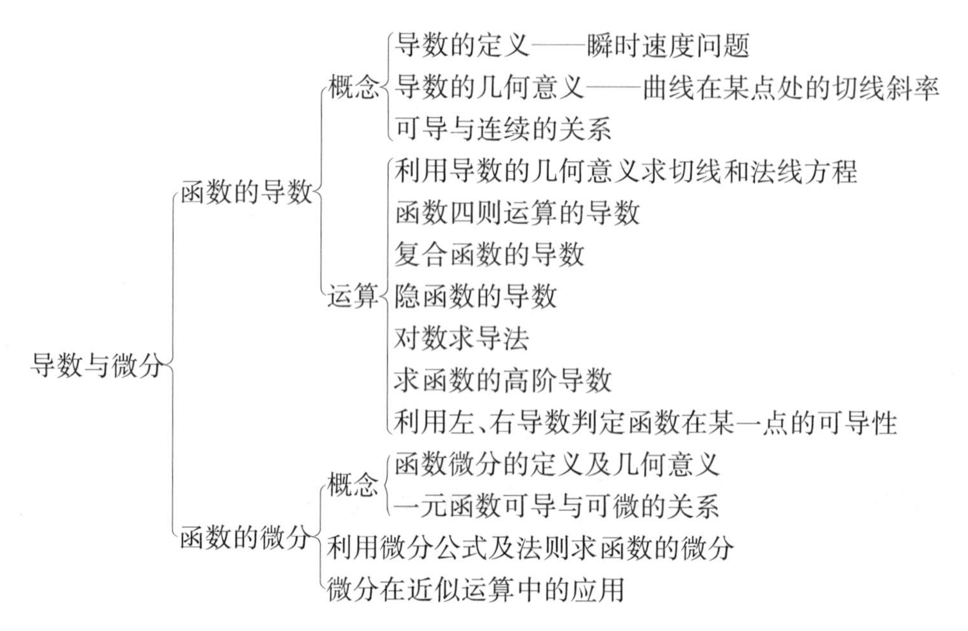

2. 注意要点

(1) 判别函数在某点处是否可导,有两种方法。第一,直接运用定义判别:通常用到两个表达式 $f'(x_0)=\lim\limits_{\Delta x\to 0}\dfrac{f(x_0+\Delta x)-f(x_0)}{\Delta x}$ 及 $f'(x_0)=\lim\limits_{x\to x_0}\dfrac{f(x)-f(x_0)}{x-x_0}$,恰当地选择表达式,会降低解题难度或简化解题过程;第二,通过求出左、右导数值,看其是否存在且相等判定。对于不连续函数,应先检查其连续性,由不连续直接得到不可导的结论.

(2) 复合函数求导法是函数求导的核心,掌握复合函数求导法不仅解决复合函数的导数问题,还是隐函数求导及对数求导等方法的基础.

(3) 微分与导数是两个不同的概念:函数的微分是因自变量发生微小改变而引起的函数变化量的近似值,而导数是函数在一点处的变化率;微分 $\mathrm{d}f(x)=f'(x)\Delta x$ 的值与 x 及 Δx 都有关,而导数 $f'(x)=\dfrac{\mathrm{d}y}{\mathrm{d}x}$ 只与 x 有关;微分具有形式不变性,可不必说明是关于哪个变量的微分,而导数必须交待清楚是对哪个变量的导数.

一、填空题

1. 已知 $f'(a)$ 存在，则 $\lim\limits_{x\to a}\dfrac{\sin f(x)-\sin f(a)}{x-a}=$________.

2. 已知 $f(-x)=-f(x)$，且 $f'(-x_0)=m\neq 0$，则 $f'(x_0)=$________.

3. 曲线 $y=x^2+ax+b$ 与曲线 $2y=-1+xy^3$ 在点 $(1,-1)$ 相切，则 $a=$________，$b=$________.

4. 设 $f(t)=\lim\limits_{x\to\infty}t\left(1+\dfrac{1}{x}\right)^{2tx}$，则 $\mathrm{d}f(t)=$________.

5. $f(x)=\begin{cases}x^n\sin\dfrac{1}{x}, & x\neq 0\\ 0, & x=0\end{cases}$ 在点 $x=0$ 处的导函数连续，则 n________.

6. 设 $y=\dfrac{1}{\sqrt{x\sqrt{x\sqrt{x}}}}$，则 $y'=$________.

7. 已知 $f'(\cos^2 x)=\sin^2 x$，且 $f(0)=0$，则 $f(x)=$________，$f'(x)=$________.

8. 已知 $f(x-1)=\mathrm{e}^{2x}$，则 $f'(x)=$________.

二、选择题

1. 设函数 $f(x)=xg(x)$，$g(x)$ 在点 $x=0$ 处连续，则 $f(x)$ 在点 $x=0$ 处(　　).

A. 不连续，不可导；　　B. 连续，不可导；

C. 连续，可导；　　D. 不能确定.

2. $f(x)=\begin{cases}\mathrm{e}^x, & x<0\\ a-bx, & x\geqslant 0\end{cases}$ 在 $(-\infty,+\infty)$ 上可导，则 a,b 的值为(　　).

A. $a=-1,b=-1$；　　B. $a=-1,b=1$；

C. $a=1,b=-1$；　　D. $a=1,b=1$.

3. 设 $f(x)$ 可导，$F(x)=f(x)(1+|\sin x|)$，则 $f(0)=0$ 是 $F(x)$ 在 $x=0$ 处可导的(　　).

A. 充分必要条件；　　B. 充分非必要条件；

C. 必要非充分条件；　　D. 既非充分条件又非必要条件.

4. $y=y(x)$ 在 x_0 处二阶可导(即存在二阶导数 $y''(x_0)$)，则下面结论不正确的是(　　).

A. $y''(x)$ 在 x_0 连续；　　B. $y'(x)$ 在 x_0 连续；

C. $y(x)$ 在 x_0 连续；　　D. $y'(x_0)$ 存在.

5. 设 $y=f(u)$ 可导，$y=f(x^2)$ 当自变量 x 在 $x=-1$ 处取得增量 $\Delta x=-0.1$ 时，相应的函数 y 的增量 Δy 的线性主部为 0.1，则 $f'(1)=$(　　).

A. -1；　　B. 0.1；　　C. 1　　D. 0.5.

6. 设 $F(x)=\begin{cases}\dfrac{f(x)}{x}, & x\neq 0\\ f(0), & x=0\end{cases}$，其中 $f(x)$ 在 $x=0$ 处可导，且 $f'(0)\neq 0$，则 $x=0$ 是函数

$F(x)$的(　　).

A. 连续点；　B. 可去间断点；
C. 跳跃间断点；　D. 无穷间断点.

7. 已知$\frac{\mathrm{d}}{\mathrm{d}x}f(\ln x)=\frac{1}{x}$,则 $f'(1)=$(　　).

A. e；　B. $\frac{1}{\mathrm{e}}$；　C. 1；　D. $-\frac{1}{\mathrm{e}^2}$.

8. 下列等式成立的是(　　).

A. $\mathrm{d}\sqrt{x}=\frac{2}{3}\cdot\frac{1}{\sqrt{x^3}}\mathrm{d}x$；　B. $\mathrm{d}\ln(x^2-1)=\frac{1}{x^2-1}\mathrm{d}x$；
C. $\mathrm{d}(\tan 5x)=\sec^2 5x\mathrm{d}x$；　D. $\mathrm{d}(\cos x^2)=-\sin x^2\mathrm{d}x^2$.

9. 已知函数 $y=y(x)$由方程$x+g(y)=y$ 确定,其中 g 可导,则 $y'(x)=$(　　).

A. $1+g'(y)$；　B. 0；　C. $\frac{1}{1-g'(y)}$；　D. 不存在.

10. 下列函数在 $x=0$ 处不可导的是(　　).

A. e^x；　B. $\tan x$；　C. $\arctan x$；　D. $x^{\frac{2}{3}}$.

三、解答题

1. 求 $y=x\ln x$ 的 n 阶导数.

2. 设 $F(x)=\lim\limits_{t\to\infty}t^2\left[f\left(x+\frac{\pi}{t}\right)-f(x)\right]\sin\frac{x}{t}$,其中 $f(x)$二阶可导,试求 $F(x)$及$F'(x)$.

3. 设 $f(x)=\begin{cases}\sin x, & x\leqslant 0\\ x, & x>0\end{cases}$,试求满足 $f'(0)$ 以及 $f'(x)$.

4. $y=f(x+y)$，其中 f 具有二阶导数，且其一阶导数不等于 1，求 $\frac{d^2y}{dx^2}$.

5. 试从 $\frac{dx}{dy}=\frac{1}{y'}$ 导出 $\frac{d^2x}{dy^2}=\frac{-y''}{(y')^3}$.

四、讨论题

1. 设 $f(x)=\begin{cases}\cos 2x+2\sin x, & x\leqslant 0\\ ax^2+bx+c, & x>0\end{cases}$ 在 $x=0$ 处二阶导数存在，求常数 a,b,c 的值.

2. 设 $f(x)$ 在 $(-\infty,+\infty)$ 内有定义，对任意 $x,y\in\mathbf{R}$，有 $f(x+y)=f(x)f(y)$，$f(x)=1+xg(x)$，其中 $\lim\limits_{x\to 0}g(x)=1$，证明在 $(-\infty,+\infty)$ 内 $f(x)$ 处处可导，并求 $f'(x)$.

B层题

一、填空题

1. 设 $f(x)$ 是可导函数，且 $\lim\limits_{x\to 0}\frac{f(1)-f(1-x)}{2x}=-1$，则曲线 $y=f(x)$ 在点 $(1,f(1))$ 处的斜率是__________.

2. 设 $f(x)=x(x+1)(x+2)\cdots(x+n)$，则 $f'(0)=$__________.

3. 曲线 $y=e^x-3\sin x+1$ 在点 $(0,2)$ 处的切线方程为__________，法线方程为__________.

4. d__________ $= \sin 2x\,dx$.

5. 设 $f(x)=\begin{cases} x^{\alpha}\sin\dfrac{1}{x}, & x\neq 0 \\ 0, & x=0 \end{cases}$，当 α__________时，$f(x)$在 $x=0$ 可导.

6. 设 $y=\ln[\ln(x-1)]$，则 $y'=$______________.

7. 设 $f(\ln x)=\cos x$，则 $f'(x)=$______________.

8. $d(\arcsin 3x)=$__________，$d(x^{x})=$__________.

二、选择题

1. 函数 $f(x)=|x-1|$ 在点 $x=1$ 处(　　).

A. 无定义；　　B. 不连续；

C. 可导；　　D. 连续但不可导.

2. $f(x)=\begin{cases} \dfrac{2}{3}x^{3}, & x\leqslant 1 \\ x^{2}, & x>1 \end{cases}$ 在点 $x=1$ 处(　　).

A. 左、右导数都存在；　　B. 左导数存在，右导数不存在；

C. 左导数不存在，右导数存在；　　D. 左，右导数都不存在.

3. $y=f(x)$在点 x 处可微是可导的(　　)条件.

A. 充要；　　B. 充分；　　C. 必要；　　D. 无关.

4. 已知 $f'(x)=[f(x)]^{2}$，且 $f(x)$的 n 阶导数存在($n\geqslant 2$)，则 $f^{(n)}(x)$的值是(　　).

A. $n\,[f(x)]^{n+1}$；　　B. $n\,[f(x)]^{2n}$；

C. $n!\,[f(x)]^{n+1}$　　D. $n!\,[f(x)]^{2n}$.

5. 设可导函数 $y=f(x)$在 $x=1$ 处取得增量 $\Delta x=0.1$ 时，相应的函数 y 增量 Δy 的线性主部为 0.1，则 $f'(1)=$(　　).

A. 0.1；　　B. -0.1；　　C. -1；　　D. 1.

6. $x=\dfrac{\pi}{2}$是 $y=\tan x$ 的(　　).

A. 连续点；　　B. 不可导点；　　C. 可去间断点；　　D. 可导点.

7. 设函数 $f(x)=|\cos x|$，则 $f(x)$在 $x=0$ 处(　　).

A. 连续可导；　　B. 连续不可导；

C. 不连续可导；　　D. 不连续不可导.

8. 若函数 $f(x)$在点 x_0 处不可导，那么曲线 $f(x)$在点 x_0 处(　　).

A. 一定没有切线；　　B. 一定有切线；

C. 可能有切线；　　D. 一定有垂直于 x 轴的切线.

9. 已知函数 $y=f(x)$可微，则当 $\Delta x\to 0$ 时，$\Delta y-dy$ 是比 Δx(　　)的无穷小.

A. 同阶不等价；　　B. 高阶；　　C. 低阶；　　D. 等价.

10. 设 $y=\dfrac{1}{x}$，则 $y^{(n)}=$(　　).

A. $\dfrac{1}{x^{n+1}}$；　　B. $\dfrac{n!}{x^{n+1}}$；　　C. $\dfrac{(-1)^{n}}{x^{n+1}}$；　　D. $\dfrac{(-1)^{n}n!}{x^{n+1}}$.

三、解答题

1. 设 $y=x^2f(\sin x)$，其中 $f(x)$ 可导，求 $\frac{\mathrm{d}y}{\mathrm{d}x}$.

2. 已知曲线 $x^2y+\ln y=1$，求它在点$(1,1)$处的法线方程.

3. 求 $y=\frac{\sqrt{x+2}(3-x)^4}{(x+1)^5}$的微分.

4. 设 $f(x)=\begin{cases} x\arctan\frac{1}{x^2}, & x\neq 0 \\ 0, & x=0 \end{cases}$，判断 $f'(x)$在 $x=0$ 处是否连续.

5. 设 $f(x)=\begin{cases} \sin(x-1)+2, & x<1 \\ ax+b, & x\geqslant 1 \end{cases}$，问 a,b 取何值时，$f(x)$在$(-\infty,+\infty)$内可导.

四、讨论题

1. 有一正圆锥形容器，高 10 m，锥顶朝下放置，顶圆半径 3 m，现以 8 m^3/min 的速度向内注水，问当水深 4 m 时，液面上升的速率为多少？液面面积扩大的速率是多少？

2. 设 $f(x)$对任意实数 x_1，x_2 有 $f(x_1+x_2)=f(x_1)f(x_2)$，且 $f'(0)=1$，试证 $f'(x)=f(x)$.

一、填空题

1. 设 $y=x^4$，则 $y^{(5)}=$__________.

2. 已知 $f\left(\frac{1}{x}\right)=x^2$，则 $f'(x)=$__________.

3. 曲线 $y=\ln x$ 在点(1,0)处的切线与 x 轴的夹角是__________.

4. d__________$=\sec x\tan x\mathrm{d}x$.

5. 设某物体的运动方程为 $s=t^2+2t$，当 $t=3$ 秒时的瞬时速度为________.

6. $(\sqrt{x})'=$________，$(\ln|x|)'=$________.

7. 设 $y=\sqrt{1-x}$，则 $y'=$________.

8. $(\sin x)''=$________，$(\mathrm{e}^{-x})''=$________.

二、选择题

1. 函数 $f(x)=|x|+1$ 在 $x=0$ 处(　　).

A. 无定义；　B. 不连续；　C. 可导；　D. 连续但不可导.

2. 函数 $f(x)$在点 x 处可导，则 $f(x)$在点 x 处(　　).

A. 左、右导数都存在，但可以不相等；　B. 左、右导数都存在，且一定相等；

C. 左导数存在，右导数不存在；　D. 左导数不存在，右导数存在.

3. $y=f(x)$在点 x 处连续是可导的(　　)条件.

A. 必要；　B. 充分；　C. 充要；　D. 无关.

4. 已知 $y=\cos x$，则 $y^{(10)}=$(　　).

A. $\sin x$；　B. $\cos x$；　C. $-\sin x$；　D. $-\cos x$.

5. 设 $f(x)$为可微函数，则当 $\Delta x\to 0$ 时 $\Delta y-\mathrm{d}y$ 是关于 Δx 的(　　).

A. 低价无穷小；　B. 等价无穷小；　C. 高阶无穷小；　D. 不可比较.

6. $x=0$ 是 $\operatorname{sgn} x$ 的(　　).

A. 连续点；　B. 可导点；　C. 可去间断点；　D. 不可导点.

7. 设 $f(x)=x\ln x$，则 $f'(\mathrm{e})=$(　　).

A. $\frac{1}{\mathrm{e}}$；　B. 1；　C. 2；　D. e.

8. 设 $f(x)=2\ln x+\mathrm{e}^x$，则 $f'(2)=$(　　).

A. e；　B. 1；　C. $1+\mathrm{e}^2$；　D. $\ln 2$.

9. $\left(\frac{1}{x}\right)''=$(　　).

A. $\ln x$；　B. $-\frac{1}{x^2}$；　C. $-\frac{1}{x^4}$；　D. $\frac{2}{x^3}$.

10. 已知 $f(x)=\sin 2x$，则 $f'(x)=$(　　).

A. $\cos 2x$；　B. $-\cos 2x$；　C. $2\cos 2x$；　D. $-2\cos 2x$.

三、解答题

1. 求 $y=\ln\tan x+\tan\ln x$ 的导数.

2. 求 $y=\frac{\cos x}{1+x}$ 在 $x=\frac{\pi}{2}$ 处的导数.

3. 求 $y=\ln\sin x$ 的微分.

4. 求 $y=\mathrm{e}^x\sin(x-1)$在 $x=1$ 处的微分.

5. 求 $y=\mathrm{e}^x+x^2$ 的 n 阶导数.

四、讨论题

1. 已知抛物线 $y=x^2-3x+1$ 和直线 $l:y=x-3$，P 为抛物线上一点.

(1) 已知过点 P 的切线平行于直线 l，求点 P 的坐标；

(2) 求过点 P 的法线方程.

2. 已知函数 $y=3x^2-1$，求当 x 从 1 变化到 1.01 时的改变量 Δy 和微分 $\mathrm{d}y$.

第4章　导数的应用

练习题 4.1

求下列极限：

1. $\lim\limits_{x\to\frac{\pi}{2}}\dfrac{\ln\sin x}{(\pi-2x)^2}$

2. $\lim\limits_{x\to+\infty}\dfrac{\ln\left(1+\dfrac{1}{x}\right)}{\operatorname{arccot} x}$

3. $\lim\limits_{x\to 0}\left(\dfrac{1}{x\tan x}-\dfrac{1}{x^2}\right)$

4. $\lim\limits_{x\to 1}(1-x)\log_x 2$

5. $\lim\limits_{x \to 0}\left(\frac{2}{\pi}\arccos x\right)^{\frac{1}{x}}$

6. $\lim\limits_{x \to 0^+}(\sin 4x)^{\frac{1}{2+3\ln x}}$

7. $\lim\limits_{x \to 0}\frac{x-\sin x}{(1-\cos x)(e^{2x}-1)}$

8. $\lim\limits_{x \to 0}(1-\sin x)^{\cot x}$

求下列极限：

1. $\lim\limits_{x \to 1}\frac{1+\cos \pi x}{x^2-2x+1}$

2. $\lim\limits_{x \to a^+}\frac{\ln (x-a)}{\ln (e^x-e^a)}$

3. $\lim\limits_{x \to 0}\left(\frac{1}{\sin x}-\frac{1}{e^x-1}\right)$

4. $\lim\limits_{x \to \infty}(e^{\frac{1}{x}}-1)x$

5. $\lim\limits_{x \to 1^+} x^{\cot \pi x}$

6. $\lim\limits_{x \to 0}(\csc x)^{\tan x}$

7. $\lim\limits_{x \to +\infty} \frac{\frac{\pi}{2}-\arctan x}{\sin \frac{1}{x}}$

8. $\lim\limits_{x\to+\infty}\frac{e^{x}-e^{-x}-2x}{x-\sin x}$

1. 求下列极限：

(1) $\lim\limits_{x\to0}\frac{1-e^{x}}{2x}$

(2) $\lim\limits_{x\to1}\frac{\ln x}{x-1}$

(3) $\lim\limits_{x\to\pi}\frac{1+\cos x}{\tan x}$

(4) $\lim\limits_{x\to\pi}\frac{\sin(x-\pi)}{x-\pi}$

(5) $\lim\limits_{x\to2}\frac{x^{4}-16}{x-2}$

(6) $\lim\limits_{x\to1}\frac{x^{3}-4x+3}{x^{3}-x^{2}+x-1}$

2. 求下列极限：

(1) $\lim\limits_{x\to\infty}\dfrac{2x+1}{2x-1}$

(2) $\lim\limits_{x\to+\infty}\dfrac{\ln(x+1)}{x^2}$

(3) $\lim\limits_{x\to+\infty}\dfrac{x^n}{e^{2x}}$

(4) $\lim\limits_{x\to\frac{\pi}{2}}\dfrac{\tan x}{\tan 3x}$

(5) $\lim\limits_{x\to0^+}\dfrac{\ln(\sin 2x)}{\ln(\sin x)}$

(6) $\lim\limits_{x\to\infty}\dfrac{x^3-4x+3}{x^3-x^2+x-1}$

3. 求下列极限：

(1) $\lim\limits_{x\to0}\left(\dfrac{1}{x}-\dfrac{1}{e^x-1}\right)$

(2) $\lim\limits_{x\to+\infty}\dfrac{\sqrt{1+x^2}}{x}$

(3) $\lim\limits_{x\to\infty}\dfrac{x+\sin x}{x-\sin x}$

(4) $\lim\limits_{x\to+\infty}x^{\frac{1}{x}}$

练习题 4.2 与 4.3

1. 求下列函数的单调区间：

(1) $y=xe^{-x}$

(2) $y=(x-1)x^{\frac{2}{3}}$

(3) $y=(x-2)^3(2x+1)^4$

2. 求证：当 $x>0$ 时，$(x^2-1)\ln x\geqslant(x-1)^2$.

3. 求下列函数的极值：

(1) $y=\frac{1}{x^2-2x+4}$

(2) $y=(2x-5)\cdot\sqrt[3]{x^2}$

(3) $y=x^{\frac{1}{x}}$

(4) $y=3-2(x+1)^{\frac{1}{3}}$

4. 求下列函数的最值：

(1) $f(x)=x+\sqrt{1-x}$，$[-5,1]$

(2) $f(x)=\sqrt[3]{2x^2(x-6)}$，$[-2,4]$

5. 把一直径为 d 的圆木锯成截面为矩形的梁，应如何选取矩形截面的高 h 和宽 b，才能使梁的抗弯截面模量 $W=\frac{1}{6}bh^2$ 最大？

1. 求下列函数的单调区间：

(1) $y=\ln(1-x^2)$

(2) $y=\frac{x^2}{1-x}$

(3) $y=x-2\sin x \ (0\leqslant x\leqslant 2\pi)$

(4) $y=(x-2)\cdot x^{\frac{2}{3}}$

2. 当 $\frac{1}{2}\leqslant x\leqslant 1$ 时，证明：$\arctan x-\ln(1+x^2)\geqslant\frac{\pi}{4}-\ln 2$.

3. 求下列函数的极值：

(1) $y=x\mathrm{e}^x$

(2) $y=\sin x-\cos x\ (0\leqslant x\leqslant 2\pi)$

(3) $y=2\arctan x-x$

4. 求下列函数的最值：

(1) $f(x)=x^2-\dfrac{54}{x},[-6,-1]$

(2) $f(x)=x+2\cos x,[0,2\pi]$

(3) $f(x)=\sqrt{5-4x},[-1,1]$

5. 欲做一个底面为长方形的无盖的箱子，其体积为 36 cm^3，底边成 1∶2 的关系，问各边长为多少时，才能使表面积最小，并求最小值.

1. 求下列函数的单调区间：

(1) $y=x^2+6x-3$

(2) $y=\sqrt{x}-x$

(3) $y=x-\ln x$

(4) $y=e^x+e^{-x}$

2. 当 $x>0$ 时，证明不等式：$1+\frac{1}{2}x>\sqrt{1+x}$.

3. 求下列函数的极值：

(1) $y=-x^4+2x^2$

(2) $y=x-e^x$

(3) $y=x\ln x$

4. 求下列函数的最值：

(1) $f(x)=x^2-2x+7,[-2,3]$

(2) $f(x)=-x+2\sqrt{x},[0,9]$

(3) $f(x)=e^{-x}+x$

5. 求面积为定值 S 的矩形中，周长为最短者.

练习题 4.4

1. 确定下列函数的凹凸性和拐点：

(1) $y=x^4(12\ln x-7)$

(2) $y=x+\dfrac{x}{x-1}$

(3) $y=\dfrac{5}{9}x^2+(x-1)^{\frac{5}{3}}$

(4) $y=\mathrm{e}^{\operatorname{arccot}x}$

2. 试确定曲线 $f(x)=ax^3+bx^2+cx+d$ 中的 a、b、c、d 的值，使得 $x=-2$ 处曲线有水平切线，$(1,-10)$为拐点，且点$(-2,44)$在曲线上.

3. 利用函数图形的凹凸性证明不等式：$\frac{x^n+y^n}{2}>\left(\frac{x+y}{2}\right)^n$ $(x>0,y>0,x\neq y,n>1)$.

1. 确定下列函数的凹凸性和拐点：

(1) $y=x^3-5x^2+3x+5$

(2) $y=x^2+\frac{1}{x}$

(3) $y=2x-3\sqrt[3]{x}$

(4) $y=e^{\frac{1}{x-1}}$

2. 设函数 $f(x)=ax^3+bx^2+cx-4$ 具有如下性质：

(1) 在点 $x=1$ 的左侧邻近单调减少；

(2) 在点 $x=1$ 的右侧邻近单调增加；

(3) 其图形在点(2,2)的两侧凹凸性发生改变，试确定常数 a、b、c 的值.

3. 已知函数的图形上有一拐点(2,4)，在拐点处曲线的切线斜率为 -3，而且该函数满足 $f''(x)=6x-12$，求此函数.

1. 确定下列函数的凹凸性和拐点：

(1) $y=x^3-3x+1$　　(2) $y=x+\dfrac{1}{x}$

(3) $y=x+\sqrt{x}$

(4) $y=\mathrm{e}^{-x^2}$

(5) $y=\ln(1+x^2)$

2. 当 a 和 b 为何值时,点(2,3)为曲线 $y=ax^3-bx^2$ 的拐点.

练习题 4.5

1. 求下列函数的水平渐近线或铅直渐近线：

(1) $y=\arctan\dfrac{x^2+x+1}{(x-1)(x+2)}$　　(2) $y=\dfrac{1+e^{-x^2}}{1-e^{-x^2}}$

(3) $y=\dfrac{\sin x}{2x(2x-1)}$　　(4) $y=\dfrac{1}{x}+e^{-x}$

2. 作出下列函数的图像：

(1) $f(x)=xe^{-x}$

(2) $f(x)=x^2+\frac{1}{x}$

1. 求下列函数的水平渐近线或铅直渐近线：

(1) $y=x-\sqrt{x^2-x+1}$

(2) $y=\frac{x^2+10}{x^2-2x-3}$

(3) $y=e^{\frac{1}{x-1}}-1$

(4) $y=2\ln\frac{x+3}{x}-3$

2. 作出下列函数的图像：

(1) $f(x)=\frac{x^2}{2x-1}$

(2) $f(x)=\frac{x}{1+x^2}$

1. 求下列函数的水平渐近线或铅直渐近线：

(1) $y=\frac{1}{x-2}+5$

(2) $y=1+\frac{x}{(x-1)^2}$

(3) $y=e^{-x^2}$

(4) $y=\frac{2x}{\sqrt[3]{x^2-1}}$

2. 作出下列函数的图像：

(1) $f(x)=3x-x^3$

(2) $f(x)=\ln(x^2-1)$

复习与自测题 4

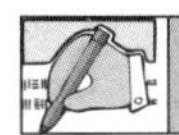

本章知识结构与要点

1. 知识结构

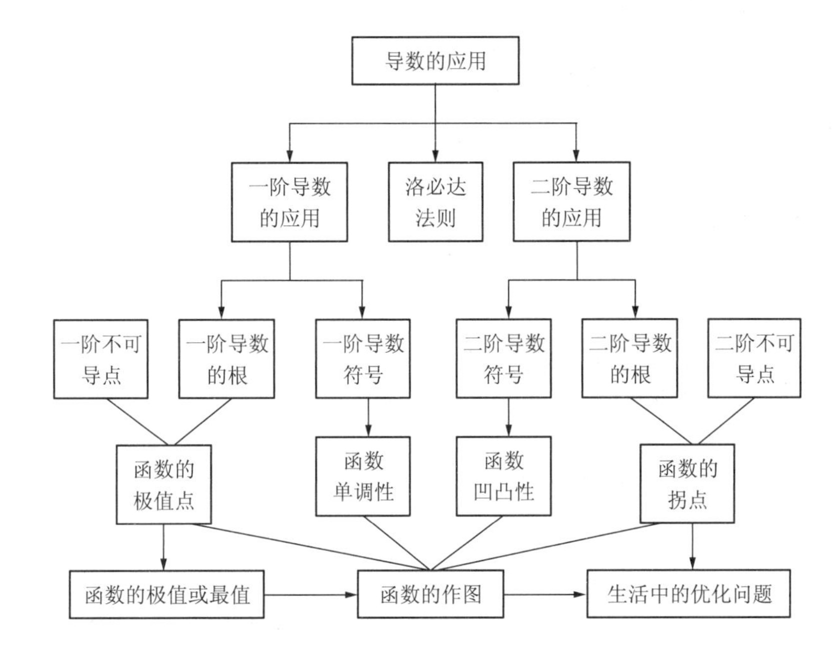

2. 注意要点

(1) 证明不等式时，可利用函数 $f(x)$ 的单调性，将问题转化为证明 $f(x)<f(x_0)\leqslant 0$ 或 $f(x)>f(x_0)\geqslant 0$.

(2) 利用导数求解实际生活中的最值问题时，应注意极值点唯一的单峰函数：极值点就是最值点，在解题时必须加以说明.

A层题

一、填空题

1. $\lim\limits_{x\to 0}(\cos\sqrt{x})^{\frac{\pi}{x}}=$________.

2. 如果函数 $y=f(x)$ 可导，且 $f(x_0)$ 是 $y=f(x)$ 的极大值，则 $\lim\limits_{\Delta x\to 0}\dfrac{f(x_0+3\Delta x)-f(x_0)}{\Delta x}$ $=$________.

3. $y=x-\dfrac{3}{2}x^{\frac{2}{3}}$ 的单调递增区间为________，单调递减区间为________.

4. $f(x)=(3-x)-\dfrac{4}{(x+2)^2}$在区间$[-1,2]$上的最大值为__________；最小值为__________.

5. 设$y=f(x)$是x的三次函数，其图形关于原点对称，且$x=\dfrac{1}{2}$时，有极小值-1，则$f(x)=$__________.

二、选择题

1. 求极限$\lim\limits_{x\to\infty}\dfrac{x-\sin x}{x+\sin x}$，下列解法正确的是(　　).

A. 用洛必达法则，原式$=\lim\limits_{x\to\infty}\dfrac{1-\cos x}{1+\cos x}=\lim\limits_{x\to\infty}\dfrac{\sin x}{-\sin x}=-1$；

B. 该极限不存在；

C. 不用洛必达法则，原式$=\lim\limits_{x\to\infty}\dfrac{1-\dfrac{\sin x}{x}}{1+\dfrac{\sin x}{x}}=0$；

D. 不用洛必达法则，原式$=\lim\limits_{x\to\infty}\dfrac{1-\dfrac{\sin x}{x}}{1+\dfrac{\sin x}{x}}=1$.

2. 函数$f(x)$有连续二阶导数且$f(0)=0,f'(0)=1,f''(0)=-2$，则$\lim\limits_{x\to 0}\dfrac{f(x)-x}{x^2}=$(　　).

A. 不存在；　　B. 0；　　C. -1；　　D. -2.

3. $f'(x_0)=0$、$f''(x_0)>0$是函数$y=f(x)$点$x=x_0$处有极值的一个(　　).

A. 必要条件；　　B. 充分条件；

C. 充要条件；　　D. 无关条件.

4. 设$f(x)$、$g(x)$在$[a,b]$连续可导，$f(x)g(x)\neq 0$，且$f'(x)g(x)<f(x)g'(x)$，则当$a<x<b$，有(　　).

A. $f(x)g(x)<f(a)g(a)$；　　B. $f(x)g(x)<f(b)g(b)$；

C. $\dfrac{f(x)}{g(x)}<\dfrac{f(a)}{g(a)}$；　　D. $\dfrac{f(x)}{g(x)}>\dfrac{f(a)}{g(a)}$.

5. 设函数$y=f(x)$在区间$[a,b]$上有二阶导数，则当(　　)成立时，曲线$y=f(x)$在(a,b)内是凹的.

A. $f''(a)>0$；

B. $f''(b)>0$；

C. 在(a,b)内$f''(x)\neq 0$；

D. $f''(a)>0$且$f''(x)$在(a,b)内单调增加.

6. 曲线$y=(x-1)^2(x-2)^2$的拐点个数为(　　).

A. 0；　　B. 1；　　C. 2；　　D. 3.

三、解答题

1. 计算下列各极限：

(1) $\lim\limits_{x \to \frac{\pi}{4}} \dfrac{\sin x - \cos x}{1 - \tan^2 x}$

(2) $\lim\limits_{x \to 0} \dfrac{\sin x - e^x + 1}{1 - \sqrt{1 - x^2}}$

(3) $\lim\limits_{x \to 0} \dfrac{e^x - e^{-x}}{\sin x}$

(4) $\lim\limits_{x \to 0^+} x^{\frac{1}{100}} e^{-\frac{1}{x^2}}$

2. 求下列函数的单调区间：

(1) $y = 2x + \dfrac{8}{x}$

(2) $y = x^n e^{-x}\ (n > 0, x \geqslant 0)$

3. 求下列函数的极值:

(1) $y=x^3(x-5)^2$

(2) $y=(x-1)x^{\frac{2}{3}}$

4. 求下列函数的最值:

(1) $f(x)=x^2e^{-x}$, $[-1,3]$

(2) $f(x)=-x+2\sqrt[3]{x}$, $[-1,1]$

5. 证明:在锐角$\triangle ABC$中,$\cos A+\cos B\leqslant 2\sin\frac{C}{2}$.

四、应用题

1. 欲做一个容积是 3000 m^3 的无盖圆柱形的蓄水池，已知池底单位面积造价是池壁单位面积造价的 3 倍，问蓄水池的尺寸怎样设计，才能使总造价最低.

2. 运用导数作出 $f(x)=\frac{\ln x}{x}$ 的图形.

B层题

一、填空题

1. $\lim\limits_{x\to 0}\frac{e^x+e^{-x}-2}{1-\cos x}=$__________.

2. $f(x)=\arctan x-\frac{1}{2}x$ 在 $x_1=$__________处有极__________值，在 $x_2=$__________处有极__________值.

3. 函数 $y=\frac{\ln x}{x}$ 的单调增区间是__________，单调减区间是__________.

4. $f(x)=\sin 2x-x\left(|x|\leqslant\frac{\pi}{2}\right)$在 $x=$________处有最大值,在 $x=$________处有最小值.

5. 曲线 $y=\frac{\cos 2x}{x(2x+1)}$的铅直渐近线为________.

二、选择题

1. 下列求极限问题中能够使用洛必达法则的是(　　).

A. $\lim\limits_{x\to 0}\frac{x^2\sin\frac{1}{x}}{\sin x}$;　　B. $\lim\limits_{x\to 1}\frac{1-x}{1-\sin x}$;

C. $\lim\limits_{x\to\infty}\frac{x-\sin x}{x\sin x}$;　　D. $\lim\limits_{x\to+\infty}x\left(\frac{\pi}{2}-\arctan x\right)$.

2. 下列命题中,正确的是(　　).

A. 若 x_0 为极值点,则必有 $f'(x_0)=0$;

B. 若 $f(x)$在点 x_0 处可导,且 x_0 为 $f(x)$的极值点,则必有 $f'(x_0)=0$;

C. 若 $f(x)$在(a,b)有极大值也有极小值,则极大值必大于极小值;

D. 若 $f'(x_0)=0$,则$(x_0,f(x_0))$必为 $f(x)$的极值点.

3. 已知 $f(a)=g(a)$,且当 $x>a$ 时,$f'(x)-g'(x)>0$,则当 $x\geqslant a$ 时必有(　　).

A. $f(x)\geqslant g(x)$;　　B. $f(x)\leqslant g(x)$;

C. $f(x)=g(x)$;　　D. 以上结论皆不成立.

4. $f(x)$在(a,b)内连续,$x_0\in(a,b)$,$f'(x_0)=f''(x_0)=0$,则 $f(x)$在 $x=0$ 处(　　).

A. 取得极大值;　　B. 取得极小值;

C. 一定有拐点$((x_0),f(x_0))$;　　D. 可能取得极值,也可能有拐点.

5. 设 $f'(x)=(x-1)(2x+1)$,$x\in(-\infty,+\infty)$,则在$\left(\frac{1}{2},1\right)$内曲线 $f(x)$是(　　).

A. 单调增加且凹的;　　B. 单调减少且凹的;

C. 单调增加且凸的;　　D. 单调减少且凸的.

6. 曲线 $y=\frac{4x-1}{(x-2)^2}$(　　).

A. 只有水平渐近线;　　B. 只有铅直渐近线;

C. 没有渐近线;　　D. 既有水平渐近线也有铅直渐近线.

三、解答题

1. 计算下列各极限:

(1) $\lim\limits_{x\to 0}\frac{\tan x-x}{x-\sin x}$　　(2) $\lim\limits_{x\to 0}\frac{e^x\cos x-1}{\sin 4x}$

(3) $\lim\limits_{x\to 0}\frac{\sqrt{x+1}+\sqrt{1-x}-2}{x^2}$

(4) $\lim\limits_{x\to 0}\left(\sin\frac{x}{2}+\cos 2x\right)^{\frac{1}{x}}$

2. 求下列函数的单调区间：

(1) $y=2x^3-6x^2-18x-7$

(2) $y=2x^2-\ln x$

3. 求下列函数的极值：

(1) $y=2x^3-3x^2-12x+14$

(2) $y=3-2(1+x)^{\frac{2}{3}}$

4. 求下列函数的最值：

(1) $f(x)=\dfrac{(x-1)^2}{x+1}$, $[0,4]$

(2) $f(x)=x+2\sin x$, $[0,2\pi]$

5. 证明当 $x>0$ 时，$e^x-1<xe^x$.

四、应用题

1. 设某厂家打算生产一批商品投放市场，已知该商品的需求函数为

$$P=P(x)=10e^{-\frac{x}{2}}$$

且最大需求量为 6，其中 x 表示需求量、P 表示价格. 求使收益最大时的产量、最大收益和相应的价格.

2. 运用导数作出 $f(x)=\frac{x^3}{(x-1)^2}$ 的图形.

一、填空题

1. $\lim\limits_{x\to+\infty}\frac{x}{x+\ln x}=$________.

2. 函数 $f(x)=2x^2-\ln x$ 的极小值是________.

3. 函数 $f(x)=2x-\sin x$ 在区间________单调增加.

4. 函数 $f(x)=\frac{1}{3}x^3-x+1(-2\leqslant x\leqslant 2)$ 的最大值为_______，最小值为_______.

5. 曲线 $y=2\ln x+x^2-1$ 的拐点是________.

二、选择题

1. $\lim\limits_{x\to 0}\frac{1-e^x}{\sin x}=$(　　).

A. 1；　B. 0；　C. -1；　D. 不存在.

2. 函数 $y=f(x)$ 在点 x_0 处取极大值，则必有(　　).

A. $f'(x_0)=0$；　B. $f''(x_0)<0$；

C. $f'(x_0)=0, f''(x_0)<0$；　D. $f'(x_0)=0$ 或 $f'(x_0)$ 不存在.

3. 函数 $y=x-\ln(1+x^2)$ 在定义域内(　　).

A. 无极值；　B. 极大值为 $1-\ln 2$；

C. 极小值为 $1-\ln 2$；　D. $f(x)$ 为非单调.

4. 设 $f(x)=x^4-2x^2+5$，则 $f(0)$ 为 $f(x)$ 在区间 $[-2,2]$ 上的(　　).

A. 极小值；　B. 最小值；　C. 极大值；　D. 最大值.

5. 若 $f(x)$ 在 (a,b) 内二阶可导，且 $f'(x)>0, f''(x)<0$，则 $y=f(x)$ 在 (a,b)(　　).

A. 单调增加且凸；　B. 单调增加且凹；

C. 单调减少且凸；　D. 单调减少且凹.

6. 设函数 $f(x)$在$[0,a]$内二次可导，且 $xf''(x)-f'(x)>0$，则$\frac{f'(x)}{x}$在区间$(0,a)$内是(　　).

A. 递增；　　B. 递减；　　C. 不增不减；　　D. 有增有减.

三、解答题

1. 计算下列各极限：

(1) $\lim\limits_{x\to 0}\frac{\sin ax}{\sin bx}$　　(2) $\lim\limits_{x\to 0}\frac{x-\sin x}{x^3}$

(3) $\lim\limits_{x\to\infty}\frac{\ln(1+3x^2)}{\ln(3+x^4)}$　　(4) $\lim\limits_{x\to 0^+}x\ln x$

2. 求下列函数的单调区间：

(1) $y=(x-1)(x+1)^3$　　(2) $y=e^x-x+1$

3. 求下列函数的极值：

(1) $y=2x^3-3x^2$　　(2) $y=x^2\cdot e^{-x}$

4. 求下列函数在给定区间的最值：

(1) $f(x)=x^4-2x^2+5,[-2,2]$　　(2) $f(x)=\frac{x}{x^2+1},[-2,3]$

5. 求函数 $y=x^3(1-x)$ 的凹凸区间及拐点.

四、应用题

1. 每批生产 x 单位某种产品的费用为 $C(x)=20-4x$（万元），得到的收益为

$$R(x)=10-\frac{x^2}{50}\text{（万元）}$$

问每批生产多少单位产品时才能使利润最大，最大利润是多少？

2. 运用导数作出 $f(x)=x^2-\ln x$ 的图形.

第 5 章　不定积分

练习题 5.1 与 5.2

1. 已知 $F(x)$是 $\cos x^2$ 的一个原函数,求 $\mathrm{d}F(x^2)$.

2. 已知 $f'(x)=2, f(0)=1$,求 $\int f(x)f'(x)\mathrm{d}x$.

3. 计算下列不定积分:

(1) $\int \sqrt[m]{x^n}\,\mathrm{d}x$　　(2) $\int\left(1-\frac{1}{x^2}\right)\sqrt{x\sqrt{x}}\,\mathrm{d}x$

(3) $\int \frac{2x^3+2x+1}{x^2+1}\mathrm{d}x$

(4) $\int \frac{1}{1+\sin x}\mathrm{d}x$

(5) $\int \frac{x+4}{x^2+5x+6}\mathrm{d}x$

(6) $\int \frac{x^3}{x+1}\mathrm{d}x$

4. 已知曲线 $y=F(x)$ 上任一点处的切线斜率为 $k=4x^3-1$,且曲线经过点 $P(1,3)$,求该曲线的方程.

5. 已知 $\int f(x)\mathrm{e}^{\frac{1}{x}}\mathrm{d}x=-\mathrm{e}^{\frac{1}{x}}+C$, 求 $f(x)$. (提示:对方程两边直接求导)

B层题

1. 已知 $f(x)$ 及 $f'(x)$ 是连续函数，则 $\mathrm{d}\int f(x)\mathrm{d}x=$ ________；$\int \mathrm{d}f(x)=$ ________；$\int f'(x)\mathrm{d}x=$ ________.

2. 已知 $f(x)$ 的导函数是 $\sin x$，则 $f(x)$ 的原函数为 ________.

3. 已知曲线 $y=\int \sin x\mathrm{d}x$ 过点 $\left(\frac{\pi}{6},1\right)$，则它的方程是 ________________.

4. 计算下列不定积分：

(1) $\int \cos^2 \frac{x}{2}\mathrm{d}x$　　(2) $\int \frac{(1-x)^2}{\sqrt{x}}\mathrm{d}x$

(3) $\int \frac{1-\mathrm{e}^{2x}}{1+\mathrm{e}^x}\mathrm{d}x$　　(4) $\int \frac{\cos 2x}{\cos^2 x\,\sin^2 x}\mathrm{d}x$

(5) $\int \frac{1}{x^2+3x+2}\mathrm{d}x$　　(6) $\int \frac{2^{2x}+\mathrm{e}^x}{2^x}\mathrm{d}x$

(7) $\int \frac{1}{x^2(1+x^2)}\mathrm{d}x$　　(8) $\int \frac{1+x+x^2}{x(1+x^2)}\mathrm{d}x$

5. 验证函数 $F(x)=x(\ln x-1)$ 是 $f(x)=\ln x$ 的一个原函数.

C层题

1. x^3 的原函数是 ________.

2. 设 $F_1(x),F_2(x)$ 是 $f(x)$ 的两个不同的原函数,且 $f(x)\neq 0$,则 $F_1(x)-F_2(x)$ = ________.

3. 设 $f(x)$ 的一个原函数为 $F(x)$,则 $\int f(x)\mathrm{d}x=$ ________.

4. 填空题:

(1) $\int 1\mathrm{d}x=$ ________

(2) $\int x\mathrm{d}x=$ ________

(3) $\int \frac{1}{x}\mathrm{d}x=$ ________

(4) $\int \frac{1}{x^2}\mathrm{d}x=$ ________

(5) $\int \sqrt{x}\,\mathrm{d}x=$ ________

(6) $\int \sin 3\mathrm{d}x=$ ________

5. 计算下列不定积分:

(1) $\int \left(\frac{2}{x}+\frac{x}{3}\right)^2\mathrm{d}x$

(2) $\int \frac{x-x^3\mathrm{e}^x+x^2}{x^3}\mathrm{d}x$

(3) $\int \frac{x^2}{1+x^2}\mathrm{d}x$

(4) $\int \left(\mathrm{e}^x-3\cos x+\frac{1}{\sqrt{x}}\right)\mathrm{d}x$

(5) $\int \tan^2 x \mathrm{d}x$

(6) $\int \mathrm{e}^x \left(1 - \frac{\mathrm{e}^{-x}}{\sqrt{1-x^2}}\right) \mathrm{d}x$

(7) $\int \frac{\sqrt{1+x^2}}{\sqrt{1-x^4}} \mathrm{d}x$

6. 若$\int f(x)\mathrm{d}x = \mathrm{e}^x + \tan x + C$，求 $f(x)$.

7. 验证函数 $y=\frac{1}{2}\sin^2 x$ 与 $y=\frac{1}{4}\cos 2x$ 是同一函数的原函数.

练习题 5.3

1. 填空题：

(1) $\dfrac{1}{1+9x^2}\mathrm{d}x=$________ $\mathrm{d}(\arctan 3x)$

(2) $\dfrac{x}{\sqrt{1-x^2}}\mathrm{d}x=$________ $\mathrm{d}(\sqrt{1-x^2})$

(3) $\dfrac{1}{\sqrt{1-4x^2}}\mathrm{d}x=$________ $\mathrm{d}[\arcsin(2x)]$

2. 计算下列不定积分：

(1) $\int \sin 6x\cos 2x\,\mathrm{d}x$

(2) $\int \dfrac{1}{\mathrm{e}^x+\mathrm{e}^{-x}}\mathrm{d}x$

(3) $\int \tan\sqrt{1+x^2}\cdot\dfrac{x}{\sqrt{1+x^2}}\mathrm{d}x$

(4) $\int \cos^4 x\,\mathrm{d}x$

(5) $\int \dfrac{1}{4x^2+4x+5}\mathrm{d}x$

(6) $\int \dfrac{\sqrt{x}}{\sqrt{x}-1}\mathrm{d}x$

(7) $\int \frac{dx}{\sqrt{1+x^2}}$　　(8) $\int \frac{1}{1+\sqrt{1-x^2}}dx$

(9) $\int \frac{1}{(1+e^x)^2}dx$　　(10) $\int \sin^2 x \cos^3 x dx$

3. 已知 $f(x)=e^{-x}$,求 $\int \frac{f'(\ln x)}{x}dx$.

B层题

1. 填空题:

(1) $x dx=$________ $d(2x^2-1)$　　(2) $\sin\frac{x}{3}dx=$________ $d\left(\cos\frac{x}{3}\right)$

(3) $2^x dx=d($________$)$　　(4) $\frac{\ln x}{x}dx=\ln x d($________$)$

(5) $xe^{x^2}dx=$______ $d(x^2)=$________ $d(e^{x^2})$

(6) $\frac{1}{(x-2)^2}dx=$________ $d\left(\frac{1}{x-2}\right)$

2. 计算下列不定积分:

(1) $\int \frac{1}{\sqrt[3]{2-3x}}dx$　　(2) $\int x e^{-x^2}dx$

(3) $\int \frac{\tan x}{\cos^3 x} \mathrm{d}x$

(4) $\int \frac{1}{x^2 + x - 6} \mathrm{d}x$

(5) $\int \frac{1}{4 + 9x^2} \mathrm{d}x$

(6) $\int \frac{1}{\sqrt{1 - x^2}\ (\arcsin x)^2} \mathrm{d}x$

(7) $\int x \sqrt[4]{2x + 1} \mathrm{d}x$

(8) $\int \frac{1}{\sqrt{(x^2 + 1)^3}} \mathrm{d}x$

(9) $\int \frac{x^3 + 2x}{1 + x^4} \mathrm{d}x$

(10) $\int \frac{1}{x(1 + \ln^2 x)} \mathrm{d}x$

3. 求 $\int f'\left(\frac{x}{5}\right) \mathrm{d}x$.

1. 填空题：

(1) $\mathrm{d}x=$________$\mathrm{d}(ax)$

(2) $\mathrm{d}x=$________$\mathrm{d}(2-3x)$

(3) $\mathrm{e}^{-x}\mathrm{d}x=$________$\mathrm{d}(\mathrm{e}^{-x})$

(4) $\sin 2x\mathrm{d}x=$________$\mathrm{d}(\cos 2x)$

(5) $\cos\frac{x}{2}\mathrm{d}x=$______$\mathrm{d}\left(\sin\frac{x}{2}\right)$

(6) $\frac{1}{x}\mathrm{d}x=\mathrm{d}($________$)$

(7) $x\mathrm{d}x=\mathrm{d}($______$)$

(8) $\frac{1}{x^2}\mathrm{d}x=\mathrm{d}($______$)$

2. 计算下列不定积分：

(1) $\int(3x-15)^{15}\mathrm{d}x$

(2) $\int\sin(4x+1)\mathrm{d}x$

(3) $\int\frac{1}{4-3x}\mathrm{d}x$

(4) $\int\frac{1}{x^2}\cos\frac{1}{x}\mathrm{d}x$

(5) $\int\frac{\mathrm{e}^x}{1+\mathrm{e}^x}\mathrm{d}x$

(6) $\int\frac{(\ln x)^2}{x}\mathrm{d}x$

(7) $\int e^{\sin x}\cos x\,dx$

(8) $\int \frac{1}{x^2-2x+1}dx$（提示：$x^2-2x+1=(x-1)^2$）

(9) $\int e^x\cos(e^x)\,dx$

(10) $\int x\sqrt{x+1}\,dx$

练习题 5.4

计算下列不定积分：

1. $\int e^{\sqrt{2x-1}}dx$

2. $\int \frac{\ln(\ln x)}{x}dx$

3. $\int \frac{\arctan x}{x^2}dx$

4. $\int x^2\cos^2\frac{x}{2}dx$

5. $\int e^x(\cos x-\sin x)dx$

6. $\int \sin(\ln x)dx$

7. $\int \frac{\ln x \mathrm{d}x}{x^2 - 4x + 4}$

8. $\int (\arcsin x)^2 \mathrm{d}x$

计算下列不定积分：

1. $\int x \mathrm{e}^{-2x+1} \mathrm{d}x$

2. $\int x^2 \cos \frac{x}{2} \mathrm{d}x$

3. $\int x \arcsin x \mathrm{d}x$

4. $\int \sin \sqrt{x} \mathrm{d}x$

5. $\int x^2 \sin x \, dx$

6. $\int \ln^2 x \, dx$

7. $\int x \ln(x-1) \, dx$

8. $\int x^2 \arctan x \, dx$

9. $\int e^{\sqrt{x}} \, dx$

10. $\int x \ln(1+x^2) \, dx$

计算下列不定积分：

1. $\int x \sin 3x \, dx$

2. $\int (x+1) e^x \, dx$

3. $\int \arctan x \mathrm{d}x$

4. $\int x^2 \ln x \mathrm{d}x$

5. $\int \ln 2x \mathrm{d}x$

6. $\int \mathrm{e}^x \sin x \mathrm{d}x$

7. $\int x \cos x \mathrm{d}x$

8. $\int 2x \sec^2 x \mathrm{d}x$

9. $\int x \mathrm{e}^{4x} \mathrm{d}x$

10. $\int \arcsin x \mathrm{d}x$

复习与自测题5

本章知识结构与要点

1. 知识结构

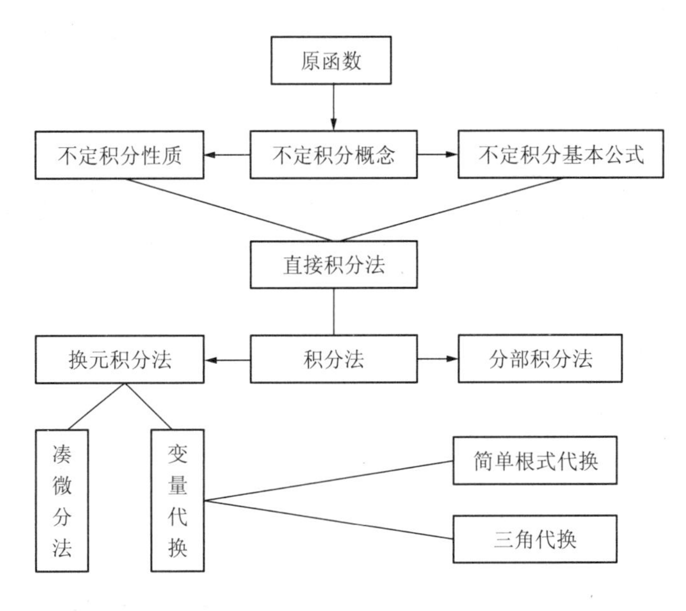

2. 注意要点

(1) 作不定积分计算时，首先要熟记基本公式和性质.

(2) 在换元积分中，第一类换元法——凑微分法，关键是将被积表达式凑成两部分：一部分是$\varphi(x)$的微分$d\varphi(x)$，另一部分是$\varphi(x)$的函数$f[\varphi(x)]$；第二类换元法——变量代换，作此代换是有条件的，首先作代换之后的不定积分要存在(即存在原函数)，其次，不定积分积出后，记住还原变量(即保证反函数存在).

(3) 在分部积分中，关键是将被积表达式$f(x)dx$凑成udv的形式，恰当地选择u和dv是解决问题的关键，其中规律在教材《高等数学基础》5.4中已罗列得很清楚，有些不定积分的计算可由两种积分法中的任一种求得，还有些不定积分需要两种方法交替使用.

A层题

一、填空题

1. 设$\int f(x)dx=10^{x^2}+C$，则$f(x)=$__________.

2. $\int\frac{\arcsin^3 x}{\sqrt{1-x^2}}dx=$__________.

3. $\int\sqrt{x\sqrt{x\sqrt{x}}}\,dx=$__________.

4. $\dfrac{-2x}{\sqrt{1-x^2}}dx=$__________$d\sqrt{1-x^2}$.

5. 若$\int f(x)dx=F(x)+C$，则$\int e^x f(2e^x)\,dx=$__________.

6. 如果$(\int f(x)dx)'=x^2\sin x$，则 $f'(x)=$__________.

7. 设 $F'(x)=f(x)$，则$\int\dfrac{f(\sin x)}{\sec x}dx=$__________.

8. $\int d(\int de^{-x^2})=$__________.

9. 不定积分$\int x2^{x^2}\,dx=$__________.

10. 已知 $f(x)$ 的一个原函数为 $\sin x\cdot\ln x$，则$\int xf'(x)dx=$__________.

二、选择题

1. 若 $\int f(x)e^{\frac{1}{x}}\,dx=-e^{\frac{1}{x}}+C$，则 $f(x)=$(　　).

A. $\dfrac{1}{x^2}$；　　B. $\dfrac{1}{x}$；　　C. $-\dfrac{1}{x}$；　　D. $-\dfrac{1}{x^2}$.

2. $\int f(x)dx=x^2+C$，则$\int xf(1-x^2)\,dx=$(　　).

A. $2(1-x^2)^2+C$；　　B. $-2(1-x^2)^2+C$；

C. $\dfrac{1}{2}(1-x^2)^2+C$；　　D. $-\dfrac{1}{2}(1-x^2)^2+C$.

3. 设 $f(x)$ 有连续的导函数，且 $a\neq 0,1$，则下列命题正确的是(　　).

A. $\int f'(ax)dx=\dfrac{1}{a}f(ax)+C$；　　B. $\int f'(ax)dx=f(ax)+C$；

C. $\left[\int f'(ax)dx\right]'=af(ax)$；　　D. $\int f'(ax)dx=f(x)+C$.

4. 设 $f(x)$ 是可导函数，且 $\int\dfrac{f'(\ln x)}{x}dx=x+C$，则 $f(x)=$(　　).

A. $x+C$；　　B. e^x+C；

C. $e^{-x}+C$；　　D. $\ln x+C$.

5. $\int d\arctan\sqrt{x}=$(　　).

A. $\arctan\sqrt{x}$；　　B. $\operatorname{arccot}\sqrt{x}$；

C. $\arctan\sqrt{x}+C$；　　D. $\operatorname{arccot}\sqrt{x}+C$.

6. 设 $f(x)=\sin ax$，则$\int xf''(x)dx=$(　　).

A. $\dfrac{x}{a}\cos ax-\sin ax+C$；　　B. $ax\cos ax-\sin ax+C$；

C. $\frac{x}{a}\cos ax - a\cos ax + C$；　　D. $ax\sin ax - a\cos ax + C$.

7. 下列函数中，不是 $e^{2x} - e^{-2x}$ 的原函数的是(　　).

A. $\frac{1}{2}(e^{2x} + e^{-2x})$；　B. $\frac{1}{2}(e^{x} + e^{-x})^2$；　C. $\frac{1}{2}(e^{x} - e^{-x})^2$；　D. $2(e^{2x} - e^{-2x})$.

8. 若 $f'(\ln x) = 1 + x$，则 $f(x) = ($　　$)$.

A. $\frac{\ln x}{2}(2 + \ln x) + C$；　　B. $x + \frac{x^2}{2} + C$；

C. $x + e^{x} + C$；　　D. $e^{x} + \frac{e^{2x}}{2} + C$.

9. 已知 $\int \frac{1}{\sqrt{1-x^2}} f'(\arcsin x)\,dx = 2\arcsin^2 x + C$，且 $f(0) = 1$，则 $f(x) = ($　　$)$.

A. $2x^2 + 1$；　B. $2\arcsin^2 x + 1$；　C. $4x^2 + 1$；　D. $4\arcsin^2 x + 1$.

10. 不定积分 $\int x f(x^2) f'(x^2)\,dx = ($　　$)$.

A. $\frac{1}{4}f^2(x^2) + C$；　B. $\frac{1}{2}f^2(x^2) + C$；　C. $\frac{1}{4}f(x^2) + C$；　D. $4f^2(x^2) + C$.

三、解答题

1. 求积分 $\int \frac{(1-x)^2}{\sqrt[3]{x}}$.

2. 求积分 $\int \frac{x\arcsin x^2}{\sqrt{1-x^4}}\,dx$.

3. 求积分 $\int \frac{dx}{x\sqrt{4+x^2}}$.

4. 求积分 $\int(x^2-1)\sin 2x\,dx$.

5. 设 $f(x)$ 的一个原函数为$\frac{e^x}{x}$,计算 $\int xf'(2x)dx$.

四、应用题

1. 已知某农机产品的总利润函数 $L_T(Q)$的边际函数为 $L_M(Q)=16-\frac{Q}{2}$(元/单位),其中 Q 表示产量,且 $L_T(0)=-60$,求:(1) 总利润函数 $L_T(Q)$;(2) 产量 Q 为多少单位时,总利润 $L_T(Q)$为最大? 最大利润是多少?

2. 若曲线 $y=f(x)$上点(x,y)处的切线斜率与 x^3 成正比例,并且曲线过点 $A(1,6)$与 $B(2,-9)$,求该曲线方程.

一、填空题

1. 设 $\int e^x \sin e^x dx =$ ________.

2. 若 $f(x)$ 的一个原函数是 $x^2 \sin x$，则 $\int f'(x)dx =$ ________.

3. $\int f'(ax+b)dx =$ ________.

4. $\dfrac{e^{\frac{1}{x}}}{x^2}dx = d$ ________.

5. $\int \dfrac{\sin^2 x}{1+\cos 2x}dx =$ ________.

6. 通过点(2,8)的积分曲线 $y=\int 3x^2 dx$ 方程是 ________.

7. 不定积分 $\int \dfrac{f'(\arcsin x)}{\sqrt{1-x^2}}dx =$ ________.

8. 设 $f(x)=e^{-x}$，则 $\int xf'(x)dx =$ ________.

9. 不定积分 $\int x\sqrt{x^2-2}\,dx =$ ________.

10. 设 $f'(x)$ 为连续函数，则 $\int f^2(x)f'(x)dx =$ ________.

二、选择题

1. 若已知 $F'(x)=f(x)$，且 $f(x)$ 连续，则下列表达式正确的是(　　).

A. $\int F(x)dx = f(x)+C$；　　B. $\dfrac{d}{dx}\int F(x)dx = f(x)dx$；

C. $\int f(x)dx = F(x)+C$；　　D. $\dfrac{d}{dx}\int F(x)dx = f(x)$.

2. 设 $\int f(x)dx = F(x)+C$，则 $\int \sin x f(\cos x)dx =$(　　).

A. $-F(\cos x)+C$；　　B. $F(\cos x)+C$；

C. $-F(\sin x)+C$；　　D. $F(\sin x)+C$.

3. 设 $f(x)=k\tan 2x$ 的一个原函数为 $\dfrac{2}{3}\ln\cos 2x$，则 k 等于(　　).

A. $-\dfrac{2}{3}$；　　B. $\dfrac{3}{2}$；　　C. $-\dfrac{4}{3}$；　　D. $\dfrac{3}{4}$.

4. $\int f(x)dx = xe^x + C$，则 $f(x)=$(　　).

A. $(x+2)e^x$；　　B. $(x-1)e^x$；　　C. xe^x；　　D. $(x+1)e^x$.

5. $\int \frac{dx}{\sqrt{x}(1+x)} =$ (　　).

A. $2\arctan\sqrt{x}+C$;　　B. $\arctan x+C$;

C. $\frac{1}{2}\arctan\sqrt{x}+C$;　　D. $2\text{arccot}\sqrt{x}+C$.

6. 若 $f(x)=$ (　　),则有 $\int e^{x}f(e^{x})\,dx=e^{2x}+C$.

A. $\frac{1}{x}$;　　B. x;　　C. x^{2};　　D. $2x$.

7. 下列函数对中是同一函数的原函数的是(　　).

A. $\ln x^{2}$ 与 $\ln 2x$;　　B. $\sin^{2}x$ 与 $\sin 2x$;

C. $2\cos^{2}x$ 与 $\cos 2x$;　　D. $\arcsin x$ 与 $\arccos x$.

8. 设$\int f(x)dx=e^{x}+C$,则$\int xf(1-x^{2})dx=$ (　　).

A. $2e^{1-x^{2}}+C$;　　B. $xe^{1-x^{2}}+C$;　　C. $-\frac{1}{2}e^{1-x^{2}}+C$;　　D. $\frac{1}{2}e^{1-x^{2}}+C$.

9. $\int x\,df'(x)=$ (　　).

A. $xf(x)-f(x)+C$;　　B. $xf'(x)-f(x)+C$;

C. $xf'(x)-f'(x)+C$;　　D. $xf(x)-f'(x)+C$.

10. 不定积分$\int\left(\frac{1}{\sin^{2}x}+1\right)\cos x\,dx=$ (　　).

A. $-\frac{1}{\sin x}+\sin x+C$;　　B. $\frac{1}{\sin x}+\sin x+C$;

C. $-\cot x+\sin x+C$;　　D. $\cot x+\sin x+C$.

三、解答题

1. 计算 $\int \frac{e^{2x}}{1+e^{x}}dx$.

2. 计算 $\int \frac{\arctan\sqrt{x}}{\sqrt{x}(1+x)}dx$.

3. 计算 $\int \frac{\mathrm{d}x}{x^2\sqrt{1-x^2}}$.

4. 计算 $\int \frac{x}{\sin^2 x}\mathrm{d}x$.

5. 设 $f(x)$ 的一个原函数是$\frac{\ln x}{x}$,求 $\int xf'(x)\mathrm{d}x$.

四、应用题

1. 某农机厂生产一种农机产品,其固定成本是 $C_1=1000$ 元,边际成本为 $C_M(Q)=\frac{Q}{2}$ (Q 表示产品件数),最大生产能力为 100 件,且当产品量 $Q=0$ 时,总成本 $C_T=1000$,即 $C_T(0)=1000$,求该厂生产该产品的总成本函数 $C_T(Q)$,并求生产 50 件产品时的总成本.

2. 求一条平面曲线的方程,使得该曲线通过点 $A(1,0)$,且曲线上每一点 (x,y) 处的切线斜率为 $2x-2$.

C层题

一、填空题

1. $3\sin x\,\mathrm{d}x=$________$\mathrm{d}(\cos x)$.

2. $\mathrm{e}^{ax}\,\mathrm{d}x=$________$\mathrm{d}\mathrm{e}^{ax}$.

3. $\int\frac{1}{x+1}\mathrm{d}x=$________.

4. $\int\frac{(1-x)^2}{x}\mathrm{d}x=$________.

5. 已知 $\int f(x)\mathrm{d}x=\sin^2 x+C$,则 $f(x)=$________.

6. 若 $f(x)$ 的一个原函数是 $\cos x$,则 $\int f'(x)\mathrm{d}x=$________.

7. 若 $\int f(x)\mathrm{d}x=F(x)+C$,则 $\int f(\mathrm{e}^x)\mathrm{e}^x\mathrm{d}x=$________.

8. 设 $f(x)=\mathrm{e}^x$,则 $\int xf'(x)\mathrm{d}x=$________.

9. $\int\frac{2x+\sin x}{x^2-\cos x}\mathrm{d}x=$________.

10. 若 $\frac{1}{x}\mathrm{d}x=\mathrm{d}F(x)$,则 $F(x)=$________.

二、选择题

1. $\int\frac{1}{\sqrt{1-x^2}}\mathrm{d}x=$(　　).

A. $\frac{1}{\sqrt{1-x^2}}$;　　B. $\frac{1}{\sqrt{1-x^2}}+C$;　　C. $\arcsin x$;　　D. $\arcsin x+C$.

2. 设 $f(x)$ 为连续函数,则 $\frac{\mathrm{d}}{\mathrm{d}x}\int f(x)\mathrm{d}x=$(　　).

A. $f(x)+C$;　　B. $f'(x)+C$;

C. $f(x)$;　　D. $f'(x)$.

3. 若 $F(x)$，$G(x)$ 都是函数 $f(x)$ 的原函数，则必有(　　).

A. $F(x)=G(x)$；　　B. $F(x)=C\cdot G(x)$；

C. $F(x)=G(x)+C$；　　D. $F(x)=\dfrac{1}{C}G(x)$.

4. 函数 $f(x)=e^{-x}$ 的不定积分为(　　).

A. e^{-x}；　　B. $-e^{-x}$；　　C. $e^{-x}+C$；　　D. $-e^{-x}+C$.

5. $\int\cos 2x\,dx=$(　　).

A. $\sin x\cos x+C$；　　B. $-\dfrac{1}{2}\sin 2x+C$；

C. $2\sin 2x+C$；　　D. $\sin 2x+C$.

6. 设 $f(x)$ 的原函数是$\dfrac{1}{x}$，则 $f'(x)=$(　　).

A. $\ln|x|$；　　B. $\dfrac{1}{x}$；　　C. $-\dfrac{1}{x^2}$；　　D. $\dfrac{2}{x^3}$.

7. 下列函数中，(　　) 不是 $f(x)=\dfrac{1}{x}$ 的原函数.

A. $\ln x$；　　B. $\ln x+1$；　　C. $\ln 2x$；　　D. $2\ln x$.

8. 设$\int f(x)dx=2\cos\dfrac{x}{2}+C$，则 $f(x)=$(　　).

A. $-\sin\dfrac{x}{2}+C$；　　B. $-\sin\dfrac{x}{2}$；　　C. $-2\sin\dfrac{x}{2}+C$；　　D. $-2\sin\dfrac{x}{2}$.

9. $\int\ln 2x\,dx=$(　　).

A. $2x\ln 2x-2x+C$；　　B. $x\ln x+\ln x+C$；

C. $x\ln 2x-x+C$；　　D. $\dfrac{1}{2}x\ln 2x-\dfrac{1}{2}x+C$.

10. 下列各式中不正确的是(　　).

A. $\int\dfrac{1}{x^2}dx=\dfrac{1}{x}+C$；　　B. $\int\dfrac{1}{x}dx=\ln(3x)+C$；

C. $\int e^{-x}dx=-e^{-x}+C$；　　D. $\int\dfrac{1}{x^2+1}dx=\arctan x+C$.

三、解答题

1. 计算下列不定积分：

(1) $\int\left(2e^x-3\sin x+\dfrac{1}{x}-1\right)dx$　　(2) $\int\dfrac{2x+3}{x^2+3x+7}dx$

(3) $\int \frac{\tan x}{\cos^2 x}\mathrm{d}x$

(4) $\int x^2\cos x\,\mathrm{d}x$.

2. 已知 $\int f(x)\mathrm{d}x = \mathrm{e}^{x^2} + C$，求函数 $f(x)$ 及 $f'(x)$.

四、应用题

1. 求过点(1,2)，且点 $(x,f(x))$ 处的切线斜率为 $3x^2$ 的曲线方程 $y=f(x)$.

2. 验证 $\int x\cos x\,\mathrm{d}x = x\sin x + \cos x + C$.

第 6 章　定积分及其应用

练习题 6.1

1. 用定积分的定义计算定积分 $\int_a^b C\mathrm{d}x$（C 为常数）.

2. 已知 $f(x)$ 为连续函数，下列定积分值为 0 的是（　　）.

A. $\int_{-1}^{1} x[f(x)-f(-x)]\mathrm{d}x$；　　B. $\int_{-1}^{1} x^2[f(x)+f(-x)]\mathrm{d}x$；

C. $\int_{-1}^{1} x^2\cos x^3\mathrm{d}x$；　　D. $\int_{-1}^{1} x\cos x^3\mathrm{d}x$.

3. 应用积分中值定理解释：$\int_a^b f(x)\mathrm{d}x = f(\xi)(b-a)$ 中的点 ξ，以下说法正确的是（　　）.

A. ξ 是区间 $[a,b]$ 内任一点；　　B. ξ 是区间 $[a,b]$ 内必存在的某一点；

C. ξ 是区间 $[a,b]$ 内唯一的某一点；　　D. ξ 是区间 $[a,b]$ 内的中点.

4. 已知 $f(x)$ 在区间 $[a,b]$ 上连续，$\int_a^b f(a+b-x)\mathrm{d}x - \int_a^b f(x)\mathrm{d}x$ 等于（　　）.

A. 1；　　B. 0；　　C. $a-b$；　　D. $a+b$.

（提示：设 $a+b-x=t$）

5. 估计下列定积分的值：

(1) $\int_1^2 (x^2+1)\mathrm{d}x$　　(2) $\int_0^{\pi} \cos x\mathrm{d}x$

6. 已知 $f(x)$ 在 $[a,b]$ 上连续，$f(x)$ 与直线 $x=a$，$x=b$ 及 x 轴围成的平面图形面积为(　　).

A. $\left|\int_a^b f(x)\,\mathrm{d}x\right|$；　　B. $\int_a^b f(x)\,\mathrm{d}x$；

C. $f(\xi)(b-a)\ (a<\xi<b)$；　　D. $\int_a^b |f(x)|\,\mathrm{d}x$.

1. 根据定积分的几何意义，判定下列积分值的正负：

(1) $\int_{-\frac{\pi}{2}}^{0} \sin x\,\mathrm{d}x$　　(2) $\int_0^1 (x-1)\,\mathrm{d}x$

2. 函数 $f(x)$ 在区间 $[a,b]$ 上连续是定积分 $\int_a^b f(x)\,\mathrm{d}x$ 存在的(　　).

A. 必要条件；　B. 充分条件；　C. 充要条件；　D. 以上都不对.

3. 利用定积分的性质比较下列各组中两个积分值的大小：

(1) $\int_0^{\frac{\pi}{4}} \sin x\,\mathrm{d}x$ 与 $\int_0^{\frac{\pi}{4}} \cos x\,\mathrm{d}x$　　(2) $\int_0^1 x\,\mathrm{d}x$ 与 $\int_0^1 x\cos x\,\mathrm{d}x$

(3) $\int_0^1 (x+2)\,\mathrm{d}x$ 与 $\int_0^1 \mathrm{e}^x\,\mathrm{d}x$　　(4) $\int_1^{\mathrm{e}} x\,\mathrm{d}x$ 与 $\int_1^{\mathrm{e}} \ln x\,\mathrm{d}x$

4. 用定积分表示由 $y=\sin x$，$y=\cos x$ 和由直线 $x=0$，$x=\pi$ 所围成的平面图形的面积.

5. 定积分 $\int_{\frac{1}{3}}^{3}|\ln x|\mathrm{d}x$ 等于（　　）.

A. $\int_{\frac{1}{3}}^{1}\ln x\mathrm{d}x+\int_{1}^{3}\ln x\mathrm{d}x$；　　B. $\int_{\frac{1}{3}}^{1}\ln x\mathrm{d}x-\int_{1}^{3}\ln x\mathrm{d}x$；

C. $-\int_{\frac{1}{3}}^{1}\ln x\mathrm{d}x-\int_{1}^{3}\ln x\mathrm{d}x$；　　D. $\int_{1}^{3}\ln x\mathrm{d}x-\int_{\frac{1}{3}}^{1}\ln x\mathrm{d}x$.

6. $f(x)$ 的一个原函数是 $\cos x$，则 $\int_{a}^{b}xf(x)\mathrm{d}x$ 等于（　　）.

A. $\int_{a}^{b}x\sin x\mathrm{d}x$；　　B. $\int_{a}^{b}x\cos x\mathrm{d}x$；

C. $\int_{a}^{b}x\mathrm{d}(\cos x)$；　　D. $\int_{a}^{b}x\mathrm{d}(\sin x)$.

1. 定积分 $\int_{0}^{1}\sqrt{1-x^2}\mathrm{d}x$ 所表示的值为圆 ________ 面积的 ________.

2. $\int_{-2}^{2}\sin x\mathrm{d}x=$ ________；$\int_{-2}^{2}\cos x\mathrm{d}x=$ ________.

3. 已知 $\int_{1}^{4}f(x)\mathrm{d}x=3$，$\int_{1}^{2}g(x)\mathrm{d}x=2$，$\int_{2}^{4}g(x)\mathrm{d}x=-1$. 求：

(1) $\int_{1}^{4}g(x)\mathrm{d}x$　　(2) $\int_{1}^{4}[2f(x)-3g(x)]\mathrm{d}x$

4. (1) 用定积分表示曲线 $y=\sin x$ 在区间 $\left[0,\frac{3\pi}{2}\right]$ 上与 x 轴围成的平面图形面积.

(2) 用定积分表示由 $y=\mathrm{e}^x$，$x=1$，$x=2$ 及 x 轴围成的平面图形面积.

5. 根据定积分的几何意义，求下列定积分的值：

(1) $\int_0^2 \sqrt{4-x^2}\,\mathrm{d}x$

(2) $\int_1^2 x\,\mathrm{d}x$

(3) $\int_{-2}^2 |x|\,\mathrm{d}x$

6. 求 $\int_{-1}^1 x^3(x^4+1)\,\mathrm{d}x$ 的值.

练习题 6.2

1. 已知 $f(x)$ 为连续函数，且 $f(x)=x+2\int_0^1 f(t)\,\mathrm{d}t$，求 $f(x)$.

2. 已知 $\ln x$ 是 $f(x)$ 的一个原函数，求 $\int_{-1}^{1} f'(x)\,\mathrm{d}x$ 值.

3. 计算 $\int_0^{16}\sqrt{x\sqrt{x\sqrt{x}}}\,\mathrm{d}x$.

4. 计算 $\int_0^{\frac{\pi}{3}}\tan^3 x\,\mathrm{d}x$.

5. 计算 $\int_0^{\pi}\sqrt{1-\sin x}\,\mathrm{d}x$.

6. 计算 $\int_{-1}^{1}(x+\sqrt{4-x^2})^2\,\mathrm{d}x$.

7. 用两种方法计算 $\int_0^{\frac{\pi}{2}}\cos^5 x\,\mathrm{d}x$.

8. 设 $f(x)$ 的一个原函数是 $(\sin x)\ln x$，求定积分 $\int_1^{\pi}xf'(x)\,\mathrm{d}x$.

1. 计算 $\int_{-\frac{\pi}{2}}^{\frac{\pi}{2}} \frac{|\sin x|}{1+\cos^2 x} dx$.

2. 计算 $\int_0^1 x^3 e^{x^2} dx$.

3. 已知 $f(x)=\begin{cases} e^x, x>0 \\ x^2, x \leqslant 0 \end{cases}$,求$\int_{-1}^{\ln 3} f(x) dx$.

4. 计算 $\int_{\ln 2}^{\ln 3} \sqrt{1+e^x} dx$.

5. 计算 $\int_{0}^{\ln 3} e^{x}(1+e^{x})^{2}dx$.

6. 计算 $\int_{0}^{\frac{\pi}{2}} \sin^{2}\frac{x}{2}dx$.

7. 计算 $I=\int_{1}^{e}\sin(\ln x)dx$.

8. 若 $e^{-x^{2}}$ 是 $f(x)$ 的一个原函数,求定积分 $\int_{-1}^{0} xf'(x)dx$.

9. 计算$\int_0^3 \frac{x}{\sqrt{1+x}}dx$.

计算下列定积分：

1. (1) $\int_1^e \frac{3}{x}dx$　　(2) $\int_1^2 2^x dx$　　(3) $\int_0^1 x^{10} dx$

2. (1) $\int_0^1 e^{-x} dx$　　(2) $\int_0^{\frac{\pi}{4}} \sin 2x dx$　　(3) $\int_1^2 \frac{1}{2x-1}dx$

3. (1) $\int_0^1 \frac{1}{1+x^2}dx$　　(2) $\int_0^1 \frac{x}{1+x^2}dx$

(3) $\int_0^1 \frac{x^2}{1+x^2}\mathrm{d}x$

(4) $\int_0^1 \frac{x^4}{1+x^2}\mathrm{d}x$

4. (1) $\int_0^{\pi} x\cos x\,\mathrm{d}x$

(2) $\int_0^1 x\mathrm{e}^x\,\mathrm{d}x$

(3) $\int_1^{\mathrm{e}} \frac{(\ln x)^3}{x}\mathrm{d}x$

(4) $\int_1^{\mathrm{e}} x\ln x\,\mathrm{d}x$

5. (1) $\int_1^9 \frac{1}{x+\sqrt{x}}\mathrm{d}x$

(2) $\int_1^8 \frac{1}{1+\sqrt[3]{x}}\mathrm{d}x$

6. (1) $\int_{-\pi}^{\pi} |\cos x|\,\mathrm{d}x$

(2) $\int_{-1}^{2} |x-1|\,\mathrm{d}x$

练习题 6.3

1. 设由 $y=\ln x, y=\ln a, y=\ln b\ (0<a<b)$ 及 y 轴围成的图形面积为 S，则 S 等于(　　).

A. $\int_{\ln a}^{\ln b}\ln x\,\mathrm{d}x$；　B. $\int_{\ln a}^{\ln b}\mathrm{e}^{y}\,\mathrm{d}y$；　C. $\int_{a}^{b}\ln x\,\mathrm{d}x$；　D. $\int_{a}^{b}\mathrm{e}^{y}\,\mathrm{d}y$.

2. 求由抛物线 $y=-x^2+4x-3$ 与它在点 $A(0,-3)$，$B(3,0)$ 处的切线围成的平面图形面积.

3. 求抛物线 $y^2=2x$ 与它在点 $\left(\frac{1}{2},1\right)$ 处法线围成的平面图形面积.

4. 已知平面图形由 $y=\frac{3}{x}$ 与 $x+y=4$ 围成，求：(1) 该平面图形的面积；(2) 该平面图形绕 x 轴旋转一周生成的旋转体的体积.

5. 已知平面图形由抛物线 $y=x^2$，$x=2$ 及 x 轴围成，求：(1) 平面图形的面积；(2) 图形分别绕 x 轴、y 轴旋转一周所得旋转体的体积.

6. 某工厂生产需要一台机器，该机器使用寿命为 20 年，如果租用，每月需付租金 1.5 万元，资金年利率为 5%，购买这台机器现价为 200 万元，按连续复利计算，试判断购买或租用这台机器，怎么做合算？

1. 求下列曲线和直线围成的平面图形面积：

(1) $y=\sin x$，$x=\frac{\pi}{2}$，$x=\frac{3}{2}\pi$ 及 x 轴；

(2) $y=e^x$，$y=e^{-x}$ 及 $x=2$.

2. 求抛物线 $y=x^2$ 与 $y=-x^2+8$ 围成的图形面积.

3. 求抛物线 $y^2=2x$ 与直线 $x+y=4$ 围成的平面图形面积.

4. 求由 $y^2=2x$, $x=0$ 及 $y=1$ 围成的平面图形面积.

5. 过原点作抛物线 $y=1+x^2$ 的切线,求由切线、抛物线围成的平面区域的面积.

6. 若某产品的生产是连续的，总产量 Q 是时间 t 的函数，总产量的变化率为 $Q'(t)=100+12t-0.6t^2$（单位/小时），求从 $t=2$ 到 $t=4$ 这两小时的总产量.

1. 已知由 $y=\ln x$，$x=1$ 及 $y=1$ 围成的平面图形的面积是 S，选择 y 为积分变量，写出 S 的积分表达式.

2. 画出由 $y^2=x$ 和 $y=x-3$ 围成的平面图形. 试确定选择什么积分变量计算较为简捷？

3. 已知由 $y=x^2+2$，$y=1$，$x=1$ 及 $x=2$ 围成的曲边梯形，选择 x 为积分变量，则面积微元 dS 等于(　　).

A. $(x^2+2)\mathrm{d}x$；　B. $(x^2+2)\mathrm{d}y$；　C. $(x^2+1)\mathrm{d}x$；　D. $(x^2+1)\mathrm{d}y$.

4. 由 $y=x^2$，$x=1$ 及 $y=0$ 围成的图形的面积为(　　).

A. $\int_0^1 \sqrt{x}\,\mathrm{d}x$；　B. $\int_0^1 \sqrt{y}\,\mathrm{d}y$；　C. $\int_0^1 x^2\mathrm{d}x$；　D. $\int_0^1 y^2\mathrm{d}y$.

5. 求由 $y=\mathrm{e}^x$，$y=2$ 及 $x=0$ 围成的平面图形面积.

6. 求由 $y=x$ 及抛物线 $y=x^2$ 围成的平面图形面积.

7. 求由 $y=x^2$ 和直线 $x=1$，$x=2$ 以及 x 轴所围成的平面图形绕 x 轴旋转一周所得旋转体的体积.

复习与自测题 6

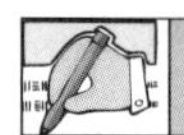

本章知识结构与要点

1. 知识结构

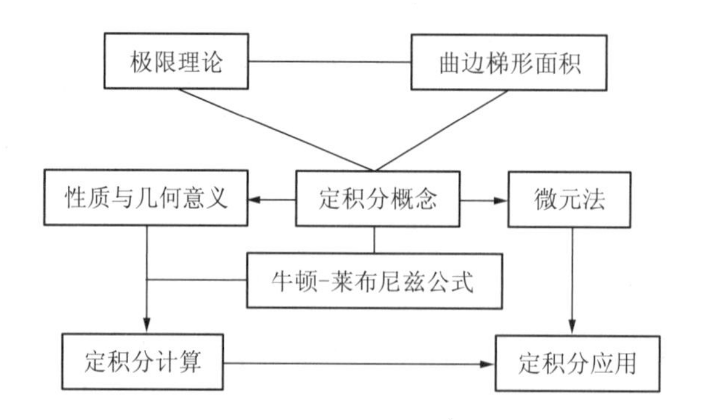

2. 注意要点

理解定积分的概念是掌握好微元法的理论基础和依据,对定积分的应用起到决定性的作用.

虽然,定积分的积分法类似于不定积分的积分法,但要留心积分的上、下限,尤其在应用定积分的换元积分法时,要坚持“换元必换限,限限相对应”的原则.

一、填空题

1. $f(x)$ 为连续函数,则 $\int_{-2}^{2}[f(x)+f(-x)+x]\cdot x^3\,\mathrm{d}x=$__________.

2. $f(x)$ 的一个原函数是 e^{-x^2},则 $\int_{-1}^{1}f(x)\,\mathrm{d}x=$__________.

3. $g(x)$ 是 $\sin x$ 的导函数,则 $\int_{0}^{\pi}xg'(x)\,\mathrm{d}x=$__________.

4. 定积分 $\int_{-1}^{0}\frac{1}{1+x^2}\mathrm{d}x=$________.

5. 若 $\int_{0}^{m}(2x+3)\,\mathrm{d}x=2$,则 $m=$________.

6. 曲线 $y=x^2$ 与 $x=y^2$ 所围平面图形的面积为________,该图形绕 x 轴旋转一周所得旋转体的体积为________.

7. 由曲线 $y=\sin x$,$y=\cos x$ 和直线 $x=0$,$x=\pi$ 所围成的平面图形的面积,用定积分表示为________.

8. 比较大小：$\int_1^2 \frac{\sin x}{x}\mathrm{d}x$ ______ $\int_1^2 \left(\frac{\sin x}{x}\right)^2 \mathrm{d}x$.

9. 设 $f(x)$ 是连续函数，且 $f(x)=x+\int_0^2 f(x)\mathrm{d}x$，则 $f(x)=$ ________.

二、选择题

1. 曲线 $y=x(x-1)(2-x)$ 与 x 轴围成的图形面积是（　　）.

A. $\int_0^1 x(x-1)(2-x)\mathrm{d}x-\int_1^2 x(x-1)(2-x)\mathrm{d}x$；

B. $-\int_0^2 x(x-1)(2-x)\mathrm{d}x$；

C. $-\int_0^1 x(x-1)(2-x)\mathrm{d}x+\int_1^2 x(x-1)(2-x)\mathrm{d}x$；

D. $\int_0^2 x(x-1)(2-x)\mathrm{d}x$.

2. $f(x)$ 的一个原函数是 $\cos x$，则 $\int_{\frac{\pi}{2}}^{\pi} xf(x)\mathrm{d}x$ 等于（　　）.

A. $-\pi$；　B. $-\pi+1$；　C. 0；　D. $-\pi-1$.

3. 下列各式正确的是（　　）.

A. $\int_e^3 \ln x\mathrm{d}x \geqslant \int_e^3 \ln^2 x\mathrm{d}x$；　B. $\int_1^e \ln x\mathrm{d}x \leqslant \int_1^e \ln^2 x\mathrm{d}x$；

C. $\int_1^3 x\mathrm{d}x \leqslant \int_1^3 x^2\mathrm{d}x$；　D. $\int_0^1 x\mathrm{d}x \leqslant \int_0^1 x^2\mathrm{d}x$.

4. 下列积分不为 0 的是（　　）.

A. $\int_{-\pi}^{\pi} \cos x\mathrm{d}x$；　B. $\int_{-\frac{\pi}{2}}^{\frac{\pi}{2}} \sin x\cos x\mathrm{d}x$；

C. $\int_{-2\pi}^{2\pi} \frac{\sin x}{1+\sin^2 x}\mathrm{d}x$；　D. $\int_{-1}^{1} \mathrm{e}^{-x^2}\mathrm{d}x$.

5. 已知 $\int_0^1 f(x)\mathrm{d}x=F(x)\Big|_0^1$，则 $\int_0^1 xf(1-x^2)\mathrm{d}x=$（　　）.

A. $-\frac{1}{2}F(1-x^2)\Big|_0^1$；　B. $-2F(1-x^2)\Big|_0^1$；

C. $F\left(\frac{1}{2}x^2\right)\Big|_0^1$；　D. $F\left(-\frac{1}{2}x^2\right)\Big|_0^1$.

6. $\int_a^{a+2\pi} f(\sin x)\mathrm{d}x$ 等于（　　）.

A. $\int_0^{\pi} f(\sin x)\mathrm{d}x$；　B. $\int_{-\pi}^{0} f(\sin x)\mathrm{d}x$；

C. $\int_{\frac{\pi}{2}}^{\frac{3\pi}{2}} f(\sin x)\mathrm{d}x$；　D. $\int_{-\pi}^{\pi} f(\sin x)\mathrm{d}x$.

7. 若 $I=\int_{2018}^{2020} x\mathrm{d}x$，由定积分估值定理知（　　）.

A. $4036 \leqslant I \leqslant 4040$；　B. $2018 \leqslant I \leqslant 2020$；

C. $1009 \leqslant I \leqslant 1010$；　D. 以上全部不对.

8. 设 $f(x)$ 是连续函数,则 $\int_{\frac{1}{n}}^{n}\left(1-\frac{1}{t^{2}}\right)f\left(t+\frac{1}{t}\right)\mathrm{d}t=($　　).

A. 0;　　B. 1;　　C. n;　　D. $\frac{1}{n}$.

9. 设 $I_1=\int_0^{\frac{\pi}{4}}x\mathrm{d}x,I_2=\int_0^{\frac{\pi}{4}}\sqrt{x}\mathrm{d}x,I_3=\int_0^{\frac{\pi}{4}}\sin x\mathrm{d}x$,则有(　　).

A. $I_1>I_2>I_3$;　B. $I_1>I_3>I_2$;　C. $I_3>I_1>I_2$;　D. $I_2>I_1>I_3$.

10. 由曲线 $y^2=x,y=x$ 和 $y=\sqrt{3}$ 所围成的平面的面积,用定积分表示,其中(　　)是错误的.

A. $S=\int_1^3(\sqrt{3}-\sqrt{x})\mathrm{d}x-\frac{1}{2}(\sqrt{3}-1)^2$;　B. $S=\int_1^{\sqrt{3}}(x-\sqrt{x})\mathrm{d}x+\int_{\sqrt{3}}^3(\sqrt{3}-\sqrt{x})\mathrm{d}x$;

C. $S=\int_0^1(y-y^2)\mathrm{d}y+\int_1^{\sqrt{3}}(y^2-y)\mathrm{d}y$;　D. $S=\int_1^{\sqrt{3}}(y^2-y)\mathrm{d}y$.

三、计算题

1. 计算 $\int_0^{\ln 2}\frac{\mathrm{e}^x}{\mathrm{e}^x+\mathrm{e}^{-x}}\mathrm{d}x$.

2. 计算 $I=\int_0^{\frac{\pi}{2}}\frac{\mathrm{d}x}{1+\sin x}$.

3. 计算 $\int_0^{2\pi}\sqrt{1+\cos x}\mathrm{d}x$.(提示:设 $x=\pi-t$,换元积分)

4. 计算 $\int_0^{\pi} \frac{x\sin x}{1+\cos^2 x}\mathrm{d}x$.

5. 计算 $\int_0^1 \frac{\ln(1+x)}{(2-x)^2}\mathrm{d}x$.(提示:运用分部积分法)

四、应用题

1. 证明由抛物线 $y=1-x^2(0\leqslant x\leqslant 1)$、$x$ 轴及 y 轴围成的区域被抛物线 $y=3x^2$ 分成面积相等的两部分.

2. (1) 求由 $y^2=x$、$y=x-2$ 及 x 轴围成的图形面积;
(2) 求上述图形绕 x 轴旋转一周所得旋转体的体积.

一、填空题

1. $\int_{-1}^{1}\frac{x\cos^3x}{x^4+1}\mathrm{d}x=$______.

2. 已知 $\int_0^1(2x+m)\mathrm{d}x=2$，则 $m=$______.

3. $\int_0^{\pi}|\cos x|\mathrm{d}x=$______.

4. 已知 $\int_0^1 f(x)\mathrm{d}x=F(x)\Big|_0^1$，则 $\int_0^1\mathrm{e}^xf(2\mathrm{e}^x)\mathrm{d}x=$______.

5. 函数 $f(x)$ 在 $[a,b]$ 上可积分的必要条件是______.

6. 设 $f(x)$ 在积分区间上连续，则 $\int_{-\pi}^{\pi}x^5[f(x)+f(-x)]\mathrm{d}x=$______.

7. 由 $y=x^3$ 及 $y=2x$ 围成平面图形的面积，若选取 x 为积分变量，利用定积分应表达为______；若选取 y 为积分变量，利用定积分应表达为______.

8. 曲线 $y=\sqrt{x}$ 与 $x=1,x=4$ 和 x 轴所围平面图形绕 x 轴旋转一周所得旋转体的体积为______.

9. 若 $\int_1^b\ln x\mathrm{d}x=1$，则 $b=$______.

二、选择题

1. 已知 $f(x)$ 为连续函数，则 $\int_{-a}^{a}[f(x)-f(-x)]\mathrm{d}x$ 等于(　　).

A. $2\int_0^a f(x)\mathrm{d}x$；　B. 0；　C. $\int_{-a}^{a}|f(x)|\mathrm{d}x$；　D. 不确定.

2. 若 $f(x)$ 的导数是 $\sin 2x$，则 $f(x)$ 不可能是(　　).

A. $1-\frac{1}{2}\cos 2x$；　B. $\sin^2x+1$；

C. $-\frac{1}{2}\cos 2x-1$；　D. $2\sin^2x$.

3. $\int_0^1\mathrm{e}^x\mathrm{d}x$ 与 $\int_0^1\mathrm{e}^{x^2}\mathrm{d}x$ 的大小关系是(　　).

A. $\int_0^1\mathrm{e}^x\mathrm{d}x<\int_0^1\mathrm{e}^{x^2}\mathrm{d}x$；　B. $\int_0^1\mathrm{e}^x\mathrm{d}x>\int_0^1\mathrm{e}^{x^2}\mathrm{d}x$；

C. $\left(\int_0^1\mathrm{e}^x\mathrm{d}x\right)^2=\int_0^1\mathrm{e}^{x^2}\mathrm{d}x$；　D. $\left(\int_0^1\mathrm{e}^x\mathrm{d}x\right)^2=2\int_0^1\mathrm{e}^{x^2}\mathrm{d}x$.

4. $\mathrm{e}^{-2x}\mathrm{d}(x)=\mathrm{d}($　　$)$.

A. $\frac{1}{2}\mathrm{e}^{-2x}$；　B. $-\frac{1}{2}\mathrm{e}^{-2x}$；　C. $-2\mathrm{e}^{-2x}$；　D. $2\mathrm{e}^{-2x}$.

5. $\int_{-\frac{\pi}{2}}^{\frac{\pi}{2}}\sin^4x\mathrm{d}x$ 等于(　　).

A. $\frac{3\pi}{8}$;　　B. $\frac{\pi}{4}$;　　C. $\frac{3\pi}{16}$;　　D. $\frac{3}{4}$.

6. 设 $I=\int_0^a x^3 f(x^2)\,\mathrm{d}x\ (a>0)$,则 $I=($　　$)$.

A. $\int_0^{a^2} xf(x)\,\mathrm{d}x$;　　B. $\int_0^a xf(x)\,\mathrm{d}x$;

C. $\frac{1}{2}\int_0^{a^2} xf(x)\,\mathrm{d}x$;　　D. $\frac{1}{2}\int_0^a xf(x)\,\mathrm{d}x$.

7. 下列积分中,能用牛顿-莱布尼茨公式的是(　　).

A. $\int_{-1}^1 \frac{1}{\sqrt{1-x^2}}\mathrm{d}x$;　B. $\int_{0.1}^{\mathrm{e}} \frac{1}{x\ln x}\mathrm{d}x$;　C. $\int_1^4 \frac{1}{x-2}\mathrm{d}x$;　D. $\int_0^1 \mathrm{e}^x\,\mathrm{d}x$.

8. $\frac{\mathrm{d}}{\mathrm{d}x}\int_a^b \arctan x\,\mathrm{d}x=($　　$)$.

A. $\arctan x$;　　B. $\frac{1}{1+x^2}$;

C. $\arctan b-\arctan a$;　　D. 0.

9. 设 $f(x)$ 是 $[-a,a]$ 上的连续奇函数,且当 $x>0$ 时,$f(x)>0$,则由 $y=f(x)$,$x=-a$,$x=a$ 及 x 轴围成的图形面积 S,其中(　　)是不正确的.

A. $2\int_0^a f(x)\mathrm{d}x$;　　B. $\int_0^a f(x)\mathrm{d}x+\int_{-a}^0 f(x)\mathrm{d}x$;

C. $\int_0^a f(x)\mathrm{d}x-\int_{-a}^0 f(x)\mathrm{d}x$;　　D. $\int_{-a}^a |f(x)|\,\mathrm{d}x$.

10. 下列积分值不为零的是(　　).

A. $\int_{-1}^1 \frac{x}{1+x^2}\mathrm{d}x$;　　B. $\int_{-\frac{\pi}{2}}^{\frac{\pi}{2}} x\sin^2 x\,\mathrm{d}x$;

C. $\int_{-\pi}^{\pi} \sin^2 x\cos x\,\mathrm{d}x$;　　D. $\int_{-1}^1 |x|\,\mathrm{d}x$.

三、计算题

1. 求 $\int_0^{\frac{\pi}{2}} x\cos x\,\mathrm{d}x$ 的值.

2. 求 $\int_1^{\mathrm{e}} x\ln x\,\mathrm{d}x$ 的值.

3. 求 $\int_0^1 \arctan x \mathrm{d}x$ 的值.

4. 求 $\int_0^{\left(\frac{\pi}{4}\right)^2} \sec^2 \sqrt{x} \mathrm{d}x$ 的值.

5. 求 $\int_1^2 \frac{\ln x}{\sqrt{x}} \mathrm{d}x$ 的值.

四、应用题

1. 过抛物线 $y=x^2$ 上一点 $C(1,1)$ 作切线,求切线与抛物线 $y=-x^2+4x+2$ 围成的面积.

2. 求由 $y=\mathrm{e}^x$、$y=\mathrm{e}^{-x}$、$x=-1$ 及 $x=2$ 围成的图形面积.

C层题

一、填空题

1. 已知 $\int_1^2 f(x)\,dx = 2$ 及 $\int_2^3 f(x)\,dx = 3$，则 $\int_1^5 f(x)\,dx =$ ________.

2. 已知 $\int_{-1}^1 3x^2\,dx = 2$，则 $\int_0^1 3x^2\,dx =$ ________.

3. $\cos x\,dx = d(\quad)$；$3x^2\,dx = d(\quad)$.

4. $\int_{-1}^2 |x|\,dx = \int_{-1}^0 (\quad)\,dx + \int_0^2 (\quad)\,dx$.

5. $y = \cos x$ 在 $\left[0, \frac{\pi}{2}\right]$ 上与 x 轴围成的面积 $S = \int_0^{\frac{\pi}{2}} \cos x\,dx = (\quad)\Big|_0^{\frac{\pi}{2}} = (\quad) - (\quad) = 1$.

6. $\int_0^1 x(1+\sqrt{x})\,dx =$ ________.

二、选择题

1. $\int_{-\frac{\pi}{2}}^{\frac{\pi}{2}} \sin x\,dx$ 等于(　　).

A. 1；　B. 0；　C. -1；　D. 2.

2. $\int_1^2 \frac{1}{1+x^2}\,d(x^2)$ 等于(　　).

A. $\arctan x\Big|_1^2$；　B. $\ln(1+x^2)\Big|_1^2$；　C. $\frac{1}{1+x^2}\Big|_1^2$；　D. $\arctan x^2\Big|_1^2$.

3. $\int_1^2 \ln x\,dx$ 等于(　　).

A. $(x\ln x - x)\Big|_1^2$；　B. $x\ln x\Big|_1^2$；

C. $(x\ln x - 1)\Big|_1^2$；　D. $x\ln x\Big|_1^2 - \int_1^2 x\,dx$.

4. $\int_0^1 e^{-x}\,dx$ 等于(　　).

A. $e-1$；　B. $1-e$；　C. $1-e^{-1}$；　D. $e^{-1}-1$.

5. 抛物线 $y = -x^2 + 1$ 和 x 轴围成的图形面积 S 等于(　　).

A. $\int_{-1}^1 (-x^2+1)\,dx$；　B. $\int_0^1 (-x^2+1)\,dx$；

C. $\int_{-1}^1 (-x^2)\,dx$；　D. $\int_{-1}^1 (1-y)\,dy$.

6. 下列不等式正确的是(　　).

A. $\int_1^2 x^2\,dx > \int_1^2 x\,dx$；　B. $\int_0^1 x^2\,dx > \int_0^1 x\,dx$；

C. $\int_1^2 (2x+1)\,dx > \int_1^2 (2x+3)\,dx$；　D. $\int_1^2 (2x-1)\,dx < \int_1^2 (2x-3)\,dx$.

7. 定积分$\int_a^b 0\mathrm{d}x$ 的值等于(　　).

A. 0;　　B. $a-b$;　　C. $b-a$;　　D. 任意常数.

8. 定积分$\int_a^b f(x)\mathrm{d}x$ 是(　　).

A. $f(x)$ 的一个原函数;　　B. $f(x)$ 的全体原函数;

C. 任意常数;　　D. 确定的常数.

9. 设 $f(x)$ 是$[-a,a]$上的连续函数,则$\int_{-a}^{a} f(-x)\mathrm{d}x=$(　　).

A. 0;　　B. $2\int_0^a f(x)\mathrm{d}x$;　　C. $\int_{-a}^0 f(x)\mathrm{d}x$;　　D. $\int_{-a}^a f(x)\mathrm{d}x$.

10. 若函数 $f(x)=x^3+x$,则$\int_{-2}^{2} f(x)\mathrm{d}x=$(　　).

A. 0;　　B. 8;　　C. $\int_0^2 f(x)\mathrm{d}x$;　　D. $2\int_0^2 f(x)\mathrm{d}x$.

三、计算题

1. 已知 $\int f(x)\mathrm{d}x=x^2+C$,求 $\int_1^{\mathrm{e}} f(\ln x)\frac{1}{x}\mathrm{d}x$.

2. $\int_1^2 f(x)\mathrm{d}x=1$,$\int_1^2 g(x)\mathrm{d}x=3$,求 $\int_1^2 [2f(x)+3g(x)]\mathrm{d}x$ 的值.

3. 求定积分 $\int_0^1 \mathrm{e}^{2x}b^x\mathrm{d}x$ 的值.

4. 求定积分 $\int_{0}^{\frac{\pi}{2}} \sin^2 x \cos x \mathrm{d}x$ 的值.

5. 求 $y=x^2$ 与 $y=8-x^2$ 围成的面积.

四、应用题

1. 仿照教材练习与思考 6.3 第 3 题,求 $y=4-x^2$ 与直线 $y=0$ 围成的图形面积 .

(1) 画出草图;(2) 设积分变量 x,写出面积微元;(3) 求出积分区间;(4) 计算图形面积.

2. 求抛物线 $y=x^2$ 和 $y=1$ 围成的面积.

第7章　二元函数微分学

练习题7.1

1. 若空间点$M(x,y,z)$的坐标满足条件：$xyz>0$，问点M可能在空间中的哪几个卦限？

2. 已知点$A(1,-1,3)$和$B(2,3,-2)$，求：(1) 与A、B等距离的点的轨迹方程；(2) x轴上与A、B等距离的点.

3. 说明下列方程在空间表示什么图形：

(1) $x^2+y^2+z^2-2x=0$　　(2) $\dfrac{x^2}{4}+\dfrac{y^2}{9}=2-z$　　(3) $x^2+y^2-z^2=1$

4. 求由三个点 $A(3,-1,2)$、$B(4,-1,-1)$、$C(2,0,-2)$所确定的平面方程.

5. 方程组 $\begin{cases}x^2+y^2+z^2=25\\x=3\end{cases}$ 在空间表示什么曲线?

6. 指出旋转曲面 $x^2-\frac{y^2}{3}-\frac{z^2}{3}=1$ 的一条母线及旋转轴.

1. 指出下列各点在空间坐标系中的卦限:

(1) $(6,-2,1)$　　(2) $(-1,-3,-2)$

2. 求点 $A(x,y,z)$关于 x 轴及 xOy 坐标面的对称点的坐标.

3. 在空间直角坐标系中,垂直于 z 轴的平面方程是______________;平行于 zOx 坐标面的平面方程是______________.

4. 证明:$A(-3,1,-6)$、$B(2,-1,-3)$、$C(5,4,-1)$是一个等腰三角形的三个顶点.

5. 将曲线 $\begin{cases} z^2=8x \\ y=0 \end{cases}$ 绕 x 轴旋转一周,求所生成的旋转曲面的方程.

6. 说明下列方程在空间表示什么图形:

(1) $x^2+y^2=4x$　　(2) $x^2+\frac{y^2}{4}+\frac{z^2}{9}=1$

1. 指出下列各点在空间坐标系中的卦限：

(1) (1,2,3)　　　　(2) (2,1,−4)

2. 点 $M(3,4,5)$关于坐标原点的对称点的坐标是__________.

3. 已知点 $A(2,2,3)$、$B(1,1,3)$，计算 A、B 两点间的距离.

4. 指出下列方程在空间表示什么图形：

(1) $2x+3y-z=2$　　　　(2) $x^2+y^2+z^2=1$　　　　(3) $y^2=2x$

5. 已知空间平面 $Ax+By+Cz+D=0$，求：(1) 过原点的平面方程是__________；(2) 平行于 xOy 坐标面的平面的方程是__________.

6. 在 x 轴上求与两点 $A(-4,1,7)$，$B(3,5,-2)$等距离的点 C.

练习题 7.2

1. 已知 $f\left(x+y,\dfrac{y}{x}\right)=x^2-y^2$，求 $f(x,y)$.

2. 求下列函数的定义域，并画出定义域的图形：

(1) $z=\sqrt{y-x+4}+\ln(2x-y^2)$

(2) $z=\arcsin x+\sqrt{|y|-1}$

3. 求极限 $\lim\limits_{\substack{x\to 0\\ y\to 0}}\dfrac{3-\sqrt{xy+9}}{xy}$.

4. 指出下列函数的连续区域：

(1) $f(x,y)=\sin(3x-2y)$　　　　(2) $f(x,y)=\dfrac{xy}{\sqrt{x+y}}$

5. 讨论极限 $\lim\limits_{\substack{x\to 0\\ y\to 1}} y\sin\dfrac{1}{x}$ 是否存在.

6. 已知函数 $F(x,y)=\ln x\cdot\ln y$，证明：$F(xy,uv)=F(x,u)+F(x,v)+F(y,u)+F(y,v)$.

B层题

1. 已知 $f(x+y,x-y)=2x^2+2y^2-1$，求：(1) $f(x,y)$；(2) $f(e^x,xy)$.

2. 已知函数 $f(x,y)=x^2+y^2-xy\sin\frac{x}{y}$，求 $f(0,1)$，$f(tx,ty)$.

3. 求下列函数的定义域，并画出定义域的图形：

(1) $z=\frac{1}{\sqrt{x+y}}+\frac{1}{\sqrt{x-y}}$

(2) $z=\frac{\ln(1-x^2-y^2)}{\sqrt{y-x^2}}$

4. 求二元函数 $f(x,y)=\frac{1}{x^2+y^2}$ 的间断点.

5. 填空：(1) $\lim\limits_{\substack{x\to 0\\ y\to 0}}(x^2+y^2)\sin\dfrac{1}{xy}=$________；(2) $\lim\limits_{\substack{x\to+\infty\\ y\to+\infty}}\left(1+\dfrac{1}{xy}\right)^{xy}=$________.

6. 某工厂生产两种产品，其产量分别为 x 和 y（单位：件），总成本函数 $C(x,y)=x^2+2xy+y^2+5$（单位：元），两种产品的需求函数分别是 $x=2600-p$ 及 $y=1000-\dfrac{1}{4}q$，其中 p 和 q 分别是两种产品的单价（单位：元/件），求该工厂的利润函数.

1. 已知 $f(x,y)=x^2+3y^2$，求：(1) $f(2,1)$；(2) $f(1-x,2y)$；(3) $f(x+y,x-y)$.

2. 已知 $f(x,y)=(x+y)^{x-y}$，求 $f(0,1)$，$f(2,3)$.

3. 求下列函数的定义域，并画出定义域的图形：

(1) $z=x-y$　　(2) $z=\frac{1}{\sqrt{x}}-\frac{1}{\sqrt{y}}$

(3) $z=\ln(y-2x)$

4. $\lim\limits_{\substack{x\to 1\\ y\to 0}}(x^2+y^2)=$________；$\lim\limits_{\substack{x\to 0\\ y\to 0}}\frac{\sin(xy)}{xy}=$________.（提示：第一个重要极限）

5. 设 h,r 分别是无盖圆柱形容器的高和底面半径，求该容器的表面积 S 和体积 V.

练习题 7.3

1. 求下列函数的一阶偏导数：

(1) $z=\dfrac{xy}{x^2+y^2}$

(2) $z=(1+xy)^x$

2. 求下列函数的二阶偏导数：

(1) $z=y^x$

(2) $z=\sin^2(ax+by)$

3. 求下列函数的全微分：

(1) $z=\dfrac{x}{\sqrt{x^2+y^2}}$　　(2) $z=\arcsin\dfrac{y}{x}$

4. 有一用水泥砌成的无盖长方形水池，它的外形长 5 m，宽 4 m，高 3 m，并且它的四壁及底的厚度均为 20 cm，求所需水泥的近似值.

5. 设 $z=e^x(\cos y+x\sin y)$，求 $\left.\dfrac{\partial^2 z}{\partial x^2}\right|_{(0,\frac{\pi}{2})}$，$\left.\dfrac{\partial^2 z}{\partial y^2}\right|_{(0,\frac{\pi}{2})}$.

6. 讨论函数 $z=f(x,y)=\begin{cases}\dfrac{2xy}{x^2+y^2}, & (x,y)\neq(0,0)\\ 0, & (x,y)=(0,0)\end{cases}$ 在点(0,0)处的连续性与可微性.

B层题

1. 求下列函数的一阶偏导数：

(1) $z=e^{2xy}$

(2) $z=\cos(5x^3y^4)$

(3) $u=(x^2+3y^4-6z)^5$

2. 求下列函数的二阶偏导数：

(1) $z=e^{2x}\cos 3y$

(2) $z=\frac{1}{2}\ln(x^2+y^2)$

3. 求函数 $z=\sqrt{x^2+y^4}$ 的全微分.

4. 利用全微分求 $\sin 31^\circ \tan 44^\circ$的近似值.

5. 已知 $z=\frac{xy}{x-y}$,证明:$x\frac{\partial z}{\partial x}+y\frac{\partial z}{\partial y}=z$.

6. 试说明一阶偏导数 $f_x(x_0,y_0)$的几何意义.

1. 求下列函数的一阶偏导数:

(1) $z=2x^3+y^2$

(2) $z=\sin x\cos y$

2. 求下列函数的二阶偏导数:

(1) $z=6x^2y^3$

(2) $z=\sin(2x+3y)$

3. 求下列函数的全微分：

(1) $z=e^{3x-5y}$　　(2) $z=\sin(xy)$

4. 设 $z=x\sin(x+y)$，用两种方法求 $f_y\left(0,\frac{\pi}{2}\right)$.

5. 求函数 $z=x^2y^3$，当 $x=2,y=-1,\Delta x=0.02,\Delta y=-0.01$ 时的全增量 Δz 和全微分 dz.

6. 已知函数 $z=3x^5+2x^2y^2-5xy$，求 $f_{xx}(0,1),f_{yy}(0,1)$.

练习题 7.4

1. 求下列复合函数的偏导数：

(1) $z=u^2v-uv^2, u=x\cos y, v=x\sin y$

(2) $z=\dfrac{v}{u}, u=e^{3x+2y}, v=y\ln 2x$

2. 求下列函数的一阶偏导数，其中 f 具有一阶连续偏导数：

(1) $z=f(u,v), u=\ln(x^2-y^2), v=xy^2$

(2) $u=f\left(\dfrac{x}{y},\dfrac{y}{z}\right)$

3. 已知 $z=f(xy,x+2y)$，f 有连续的二阶偏导数，求 $\frac{\partial^2 z}{\partial x\partial y}$.（提示：一阶偏导数仍然是关于 x,y 的二元复合函数）

4. 已知方程 $z=x\ln z+z\ln y$，求 $\frac{\partial z}{\partial x},\frac{\partial z}{\partial y}$.

1. 已知 $z=\ln(u^2+v)$，$u=e^{x-y}$，$v=x\sin y$，求 $\frac{\partial z}{\partial x},\frac{\partial z}{\partial y}$.

2. 设 $z=(1+2x)^{6y}$，求 $\frac{\partial z}{\partial x},\frac{\partial z}{\partial y}$.

3. 求下列函数的一阶偏导数(其中 f 具有一阶连续偏导数)：

(1) $z=f(x,y)$，$x=\rho\cos\theta$，$y=\rho\sin\theta$

(2) $z=f\left(xy,\dfrac{y}{x}\right)$

4. $z=\cos(4u-5v)$，$u=e^{x}$，$v=\ln x$，求 $\dfrac{dz}{dx}$.

5. 已知 $\dfrac{x}{y}=\ln zy$，求 $\dfrac{\partial z}{\partial x}$，$\dfrac{\partial z}{\partial y}$.

C层题

1. 求下列复合函数的一阶偏导数：

(1) $z=u^{2}+v^{2}$，$u=2x+y$，$v=x-4y$

(2) $z=\dfrac{u}{v}, u=\ln x, v=3y-2x$

2. 设 $z=x^2+y, x=\ln t, y=\mathrm{e}^t$,求 $\dfrac{\mathrm{d}z}{\mathrm{d}t}$.

3. 求下列方程所确定的隐函数的偏导数:

(1) $xy+xz=1$

(2) $\ln z=x^2+2y+z$

4. 设 $z=f(u), u=\dfrac{y}{x}$,其中 f 是可微函数,证明:$x\dfrac{\partial z}{\partial x}+y\dfrac{\partial z}{\partial y}=0$.

复习与自测题 7

本章知识结构与要点

1. 知识结构

二元函数是一元函数的推广，二元函数微分学的概念与计算方法和一元函数微分学有许多共同点. 要把握好它们的区别，并充分利用它们的共同点来学习和理解二元函数的微分.

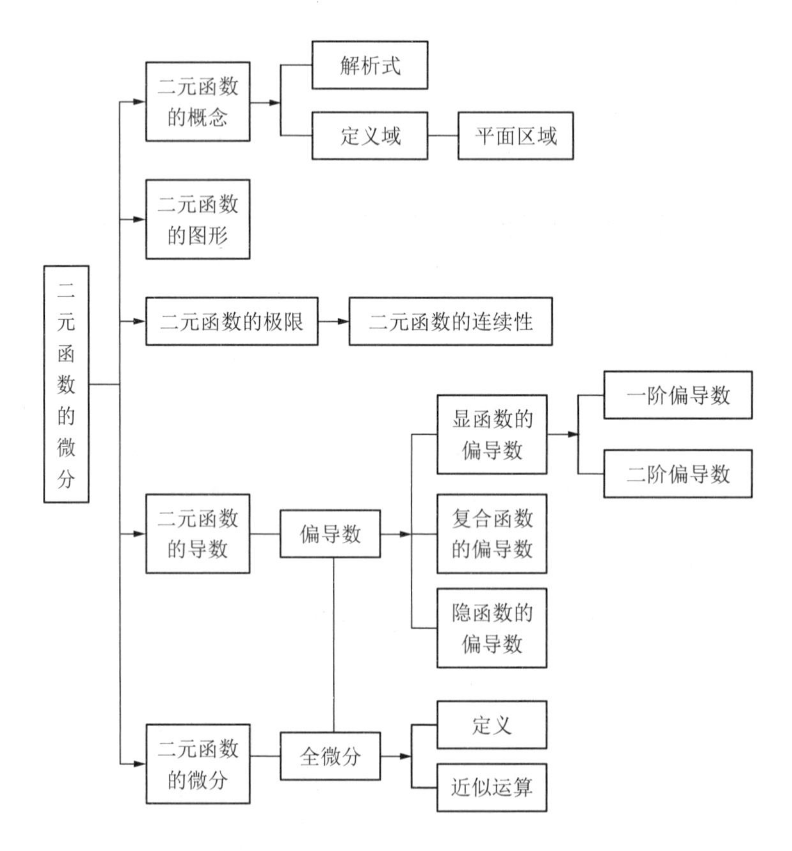

2. 注意要点

(1) 一次方程和二次方程在平面直角坐标系和空间直角坐标系中分别表示的内容是不同的：一次方程在平面直角坐标系中表示直线，在空间直角坐标系中表示平面；二次方程在平面直角坐标系中表示曲线，在空间直角坐标系中表示曲面.

(2) 求二元函数偏导数时，先将其中一个变量固定，然后利用一元函数的求导方法进行计算.

(3) 求二元复合函数偏导数的关键是搞清楚函数的复合过程.

(4) 偏导数存在和可微之间的关系是：

偏导数存在且连续⇒可微⇒偏导数存在

函数连续

一、填空题

1. 函数 $z=\dfrac{x-y}{\ln(xy)}$ 的定义域是________.

2. 方程 $x^2+y^2-z^2=-1$ 在空间表示________.

3. $\lim\limits_{\substack{x\to\infty\\y\to 1}}\left(1+\dfrac{1}{x}\right)^{\frac{x^2}{x+y}}=$________.

4. 已知 $f(x,x+y)=x^2+xy$，则 $\dfrac{\partial f(x,y)}{\partial x}=$________.

5. 设 $z=\ln(x^2+y^2)$，则 $dz\Big|_{\substack{x=1\\y=1}}=$________.

二、选择题

1. 在空间直角坐标系中，下列方程表示平面的是(　　).

A. $y^2=x$；　　B. $3x+4z=0$；

C. $\begin{cases}x+y+z=0\\x+2y+z=1\end{cases}$；　　D. $\dfrac{x+2}{2}=\dfrac{y+4}{7}=\dfrac{z}{-3}$.

2. 曲面 $\begin{cases}z=x^2+2y^2\\z=2\end{cases}$ 在 xOy 平面上的投影方程为(　　).

A. $x^2+2y^2=2$；　B. $\begin{cases}x^2+2y^2=2\\z=2\end{cases}$；　C. $\begin{cases}x^2+2y^2=2\\z=0\end{cases}$；　D. $\begin{cases}z=x^2+2y^2\\z=0\end{cases}$.

3. 函数 $z=f(x,y)$ 在点 (x_0,y_0) 处对 x 的偏导数为(　　).

A. $\lim\limits_{\Delta x\to 0}\dfrac{f(x_0+\Delta x,y_0+\Delta y)-f(x_0,y_0)}{\Delta x}$；

B. $\lim\limits_{\Delta y\to 0}\dfrac{f(x_0+\Delta x,y_0+\Delta y)-f(x_0,y_0)}{\Delta y}$；

C. $\lim\limits_{\Delta x\to 0}\dfrac{f(x_0+\Delta x,y_0)-f(x_0,y_0)}{\Delta x}$；

D. $\lim\limits_{\Delta y\to 0}\dfrac{f(x_0,y_0+\Delta y)-f(x_0,y_0)}{\Delta y}$.

4. 如果函数 $z=f(x,y)$ 在点 (x_0,y_0) 的某邻域内 $\lim\limits_{\substack{x\to x_0\\y\to y_0}}f(x,y)$ 存在，则 $f(x,y)$ 在点 (x_0,y_0) 处(　　).

A. 连续；　　B. 可微；　　C. 间断；　　D. 不一定连续.

5. 设 $z=\sqrt{xy}$，则 $\dfrac{\partial z}{\partial x}\Big|_{(0,0)}=$(　　).

A. 1； B. 不存在； C. -1； D. 0.

6. 设函数 $z=f(x,y)$ 由方程 $e^z-xyz=0$ 确定,则 $\frac{\partial z}{\partial x}=$(　　).

A. $\frac{yz}{e^z-xy}$； B. $\frac{yz-e^z}{xy}$； C. $\frac{yz+xy}{e^z}$； D. $\frac{e^z-yz}{xy}$.

三、计算题

1. 已知 $f(x+y,x-y)=x^2y+y^2$,求 $f_x(x,0)$.

2. 已知函数 $z=(1+x)^{xy}$,求一阶偏导数.

3. 设 $z=xe^{-xy}+\sin(xy)$,求 dz.

4. 求方程 $e^{xy}-\arctan z+xyz=0$ 所确定的隐函数 $z=f(x,y)$的一阶偏导数.

5. 已知 $z=f(x-y,xy)$,且 $f(u,v)$具有二阶连续偏导数,求 $\frac{\partial z}{\partial x},\frac{\partial^2 z}{\partial x\partial y}$.

四、应用题

1. 已知三点 $A(1,1,0)$，$B(-1,2,1)$，$C(0,1,-2)$.

(1) 证明 A、B、C 是一个直角三角形的三个顶点；

(2) 求由 A、B、C 三点确定的平面方程.

2. 某工厂生产的甲、乙两种产品，当产量分别为 x 和 y 时，这两种产品的总成本(单位：元)是 $z(x,y)=400+2x+3y+0.01(3x^2+xy+3y^2)$.

(1) 求每种产品的边际成本；

(2) 当出售两种产品的单价分别为 10 元和 9 元时，试求每种产品的边际利润.

一、填空题

1. 点 $M(-2,5,1)$关于 yOz 坐标面的对称点的坐标是________.

2. 方程 $x^2+y^2=2x$ 在空间表示________.

3. $\lim\limits_{\substack{x\to\infty\\y\to\infty}}\dfrac{\sin(xy)}{x}=$________.

4. 已知函数 $z=e^{x^2y}$，则 $\dfrac{\partial z}{\partial x}=$________.

5. 已知 $f(x)+f(y)=f(z)$，如果 $f(x)=\dfrac{1}{x}$，则 $z=$________.

二、选择题

1. 设 $f(x,y)=\frac{xy}{x^2+y^2}$,则下式中正确的是(　　).

A. $f\left(x,\frac{y}{x}\right)=f(x,y)$;　　B. $f(x+y,x-y)=f(x,y)$;

C. $f(y,x)=f(x,y)$;　　D. $f(x,-y)=f(x,y)$.

2. 空间曲线 $\begin{cases}y=x\\z=0\end{cases}$ 绕 y 轴旋转一周形成的曲面方程是(　　).

A. $y^2=x^2+z^2$;　　B. $x^2=y^2+z^2$;

C. $y=\sqrt{x^2+z^2}$;　　D. $x=\sqrt{y^2+z^2}$.

3. 方程 $\frac{x^2}{4}-\frac{z^2}{9}=1$ 表示的二次曲面是(　　).

A. 球面;　　B. 旋转抛物面;　　C. 锥面;　　D. 柱面.

4. 函数 $z=f(x,y)$在点(x_0,y_0)处具有偏导数是它在该点存在全微分的(　　).

A. 必要条件;　　B. 充分条件;　　C. 充要条件;　　D. 无关条件.

5. 已知 $f(x+y,x-y)=x^2-y^2$, 则 $\frac{\partial f(x,y)}{\partial x}+\frac{\partial f(x,y)}{\partial y}=$(　　).

A. $2x+2y$;　　B. $x-y$;　　C. $2x-2y$;　　D. $x+y$.

6. 已知 $z=\ln(\sqrt{x}+\sqrt{y})$,则 $x\cdot\frac{\partial z}{\partial x}+y\cdot\frac{\partial z}{\partial y}=$(　　).

A. 1;　　B. $\sqrt{x}+\sqrt{y}$;

C. $\frac{1}{2}$;　　D. 以上结论都不正确.

三、计算题

1. 设 $f(x,y)=e^{\arctan\frac{y}{x}}\ln(x^2+y^2)$,求 $f_x(1,0)$.

2. 已知 $z=x^2\ln(x^2+y^2)$,求 dz.

3. 设 $z=xy-xF(u)$，$u=\dfrac{y}{x}$，其中 $F(u)$ 是可导函数，证明：$x\dfrac{\partial z}{\partial x}+y\dfrac{\partial z}{\partial y}=z+xy$.

4. 已知方程 $x+y+z=\ln(xyz)$ 确定函数 $z=z(x,y)$，求 $\dfrac{\partial z}{\partial x}$，$\dfrac{\partial z}{\partial y}$.

5. 求函数 $z=e^{2x}\sin 3y$ 的二阶偏导数.

四、应用题

1. 已知点 $A(3,1,2)$ 和点 $B(0,1,-1)$，求到 A 点的距离是到 B 点距离 2 倍的动点的轨迹方程，并指出是什么曲面.

2. 已知边长 $x=16$ m, $y=8$ m 的矩形,如果 x 边增加 10 cm 而 y 边减少 10 cm,讨论这个矩形的对角线的近似变化情况.

C层题

一、填空题

1. 点 $M(1,3,6)$关于 x 轴的对称点坐标是__________.

2. 设函数 $f(x,y)=\dfrac{xy}{x^2+y^2}$,则 $f(\sqrt{2},\sqrt{2})=$__________.

3. 函数 $z=\sqrt{x+y-1}$ 的定义域是__________.

4. $\lim\limits_{\substack{x\to 1\\ y\to 0}}\dfrac{\ln(x+e^y)}{\sqrt{x+y}}=$__________.

5. 函数 $z=xy$ 的全微分 $dz=$__________.

二、选择题

1. $z=\ln\sqrt{x^2-y^2}$ 的定义域是(　　).

A. $\{(x,y)|x^2-y^2\geqslant 1\}$;　B. $\{(x,y)|x^2-y^2\geqslant 0\}$;

C. $\{(x,y)|x^2-y^2>1\}$;　D. $\{(x,y)|x^2-y^2>0\}$.

2. 下列平面中,过 z 轴的是(　　).

A. $z=2x+3$;　B. $2x+5y=0$;　C. $3x-2y=1$;　D. $x+2y-3z=0$.

3. 设 $z=xy+x^3$,则 $\dfrac{\partial z}{\partial x}+\dfrac{\partial z}{\partial y}=$(　　).

A. $x+y+2x^2$;　B. $x+y+3x^2$;　C. $2x+y+3x^2$;　D. $x+y$.

4. 如果 $z=f(x,y)$ 有连续二阶偏导数,则 $\dfrac{\partial^2 z}{\partial x\partial y}=$(　　).

A. 0;　B. $\dfrac{\partial^2 z}{\partial x^2}$;　C. $\dfrac{\partial^2 z}{\partial y^2}$;　D. $\dfrac{\partial^2 z}{\partial y\partial x}$.

5. 在空间直角坐标系下,方程 $x^2-y^2=4$ 表示的二次曲面是(　　).

A. 球面;　B. 旋转抛物面;　C. 锥面;　D. 柱面.

6. 若 $A(-3,x,2)$与 $B(1,-2,4)$两点之间的距离为$\sqrt{29}$,则 $x=$(　　).

A. 5;　B. 1;　C. -5;　D. -5 或 1.

三、计算题

1. 求 $z=e^{x}\sin(x+y)$的全微分.

2. 已知 $z=x^{8}e^{y}$,求一阶偏导数和二阶偏导数.

3. 已知 $z=u^{2}\sin v,u=x+2y,v=3x-y$,求$\frac{\partial z}{\partial x},\frac{\partial z}{\partial y}$.

4. 设 $z=\ln(x+y+z)$,证明:$\frac{\partial z}{\partial x}-\frac{\partial z}{\partial y}=0$.

5. 已知 $f(x,y)=x^{2}+(y-1)\ln\sin\sqrt{\frac{x}{y}}$,求 $f_{x}(x,1)$.

四、应用题

1. 方程 $x^2+y^2+z^2-4x-2y+2z-19=0$ 是否为球面方程？若是球面方程，求出其球心坐标和半径.

2. 设 $u=f(x^2+y^2+z^2)$，其中 f 有连续导数，证明：$y\cdot\dfrac{\partial u}{\partial x}-x\cdot\dfrac{\partial u}{\partial y}=0$.

第 8 章　二重积分

练习题 8.1

1. 利用二重积分的几何意义,计算:

(1) $\iint\limits_D (3-x-y)\mathrm{d}\sigma$, D 由 $x+y\leqslant 3, x\geqslant 0, y\geqslant 0$ 所围成.

(2) $\iint\limits_D \sqrt{R^2-x^2-y^2}\,\mathrm{d}\sigma$, D 为 $x^2+y^2\leqslant R^2$.

2. 利用二重积分的性质,比较大小:

(1) $\iint\limits_D (x^2-y^2)\mathrm{d}\sigma$ 与 $\iint\limits_D \sqrt{x^2-y^2}\,\mathrm{d}\sigma$,其中 $D=\{(x,y)\mid (x-2)^2+y^2\leqslant 1\}$.

(2) $\iint\limits_{D}\ln(x+y)\mathrm{d}\sigma$ 与 $\iint\limits_{D}[\ln(x+y)]^2\mathrm{d}\sigma$，其中 D 是三角形区域，三顶点的坐标分别为 $(1,0)$，$(1,1)$，$(2,0)$.

3. 估计 $I=\iint\limits_{D}(x^2-3x+y)\mathrm{d}\sigma$ 的值，其中 D 是矩形区域：$0\leqslant x\leqslant 1, 0\leqslant y\leqslant 2$.
（提示：分别先对区域内、边界及顶点讨论极值点）

1. 用二重积分表示 $x^2+y^2+z^2\leqslant R^2, z\geqslant 0$ 的体积.

2. 利用二重积分的性质判断 $\iint\limits_D \ln(x^2+y^2)\mathrm{d}\sigma$ 的符号，其中 D 由 x 轴及直线 $x=\dfrac{1}{2}$，$x+y=1$ 所围成.

3. 利用二重积分的性质，估计积分 $I=\iint\limits_D (x+3y+7)\mathrm{d}\sigma$ 的值，其中 D 是矩形区域：$0\leqslant x\leqslant 1, 0\leqslant y\leqslant 2$.

4. 根据二重积分的几何意义,确定$\iint\limits_D(a-\sqrt{x^2+y^2})\mathrm{d}\sigma$的值,其中$D$为$x^2+y^2\leqslant a^2$.(提示:二元函数$z=a-\sqrt{x^2+y^2}$表示圆锥面)

1. 用二重积分表示:曲面$z=-3\sqrt{x^2+y^2}$与柱面$2x^2+y^2=1$及xOy面所围的立体的体积.

2. 应用二重积分的几何意义,计算$\iint\limits_D\mathrm{d}\sigma$,其中$D$为:

(1) $|x|\leqslant 2,|y|\leqslant 1$

(2) $1\leqslant x^2+y^2\leqslant 9$

3. 利用二重积分性质，比较 $\iint\limits_D (x+y)^2 \mathrm{d}\sigma$ 与 $\iint\limits_D (x+y)^3 \mathrm{d}\sigma$ 的大小，$D=\{(x,y) \mid x+y \leqslant 1, x \geqslant 0, y \geqslant 0\}$.

4. 估计积分 $I=\iint\limits_D \cos^2 x \cos^2 y \mathrm{d}\sigma$ 的值，其中 D 是矩形区域：$-\frac{\pi}{2} \leqslant x \leqslant \frac{\pi}{2}, -\frac{\pi}{2} \leqslant y \leqslant \frac{\pi}{2}$.

练习题 8.2

1. 计算下列二重积分：

(1) $\iint\limits_{D} x\cos(x+y)\mathrm{d}x\mathrm{d}y$，其中 D 是由 $x=0$，$y=\pi$，$y=x$ 围成的闭区域.

(2) $\iint\limits_{D} \mathrm{e}^{x+y}\mathrm{d}x\mathrm{d}y$，$D$ 是由 $|x|+|y|\leqslant 1$ 所围成的区域.

(3) $\iint\limits_{D} \dfrac{\sin y}{y}\mathrm{d}x\mathrm{d}y$，其中 D 由曲线 $y=\sqrt{x}$ 与直线 $y=x$ 所围.

(4) $\iint\limits_D |y-x^2|\,dxdy$，其中 D 是矩形域：$0\leqslant x\leqslant 1, 0\leqslant y\leqslant 1$.

(5) $\iint\limits_D \ln(1+x^2+y^2)\,dxdy$，其中 $D=\{(x,y)\mid x^2+y^2\leqslant R^2, x\geqslant 0, y\leqslant 0\}$.

(6) $\iint\limits_D \dfrac{x+y}{x^2+y^2}\,dxdy$，其中 D 是由不等式 $x^2+y^2\leqslant 1$ 及 $x+y\geqslant 1$ 确定的区域.

2. 写出 $I=\iint\limits_D f(x,y)\mathrm{d}x\mathrm{d}y$ 的两个二次积分，其中 D 是由不等式 $1\leqslant x^2+y^2\leqslant 4$，$x\geqslant 0, y\geqslant 0$ 确定的区域.

3. 交换二次积分 $I=\int_0^1\mathrm{d}y\int_0^{\sqrt{y}} f(x,y)\mathrm{d}x+\int_1^2\mathrm{d}y\int_0^{2-y} f(x,y)\mathrm{d}x$ 的积分次序.

B层题

1. 写出并计算 $I=\iint\limits_D 3y^2\mathrm{d}x\mathrm{d}y$ 的两个二次积分，其中 D 是由 $y=2x$，$x=2$ 及 x 轴围成的平面区域.

2. 交换 $I=\int_0^1 dx\int_{\sqrt{x}}^1 e^{\frac{x}{y}}dy$ 的积分次序并求值.

3. 计算下列二重积分：

(1) $\iint\limits_D e^{px+qy}dxdy$，其中 D 是矩形区域：$0\leqslant x\leqslant a, 0\leqslant y\leqslant b$.

(2) $\iint\limits_D \frac{x^2}{y^2}dxdy$，其中 D 是由 $xy=1, y=x, x=2$ 围成的闭区域.

(3) $\iint\limits_D x^2 e^{-y^2} \mathrm{d}x\mathrm{d}y$，其中 D 由 $y=x$，$y=1$ 及 $x=0$ 所围成的区域.

(4) $\iint\limits_D |xy| \mathrm{d}x\mathrm{d}y$，其中 D 由 $x^2+y^2 \leqslant R^2$ 围成.

(5) $\iint\limits_D \sin\sqrt{x^2+y^2} \mathrm{d}x\mathrm{d}y$，其中 D 由 $x^2+y^2 \leqslant 1$ 围成.

C层题

1. 计算下列二重积分：

(1) $\iint\limits_{D}(x+2y)\mathrm{d}x\mathrm{d}y$，其中 D 是矩形区域：$-1\leqslant x\leqslant 1,0\leqslant y\leqslant 2$.

(2) $\iint\limits_{D}\mathrm{e}^{2x+y}\mathrm{d}x\mathrm{d}y$，其中 $D=\{(x,y)\mid 0\leqslant x\leqslant a,0\leqslant y\leqslant a\}$.

(3) $\iint\limits_{D}xy^2\mathrm{d}x\mathrm{d}y$，其中 D 由 $y=x,y=5x$ 及 $x=1$ 所围成的区域.

(4) $\iint\limits_{D}xy\mathrm{d}x\mathrm{d}y$，其中 D 为 $y=x^2$ 与 $y=4$ 所围成的区域.

(5) $\iint\limits_{D}(x^2+y^2)\mathrm{d}x\mathrm{d}y$，其中 D 由 $|x|+|y|=1$ 围成.

2. 画出下列二次积分的积分区域 D，并交换积分次序：

(1) $\int_0^2 \mathrm{d}y\int_0^y f(x,y)\mathrm{d}x$

(2) $\int_0^1 \mathrm{d}x\int_{\sqrt{x}}^1 f(x,y)\mathrm{d}y$

练习题 8.3

1. 设三角形薄板的三个顶点分别是(0,0),(2,1),(0,3),薄板上各点的密度与该点距 y 轴的距离成正比,求:(1) 薄板的质量;(2) 薄板的重心.

2. 已知均匀薄板所占区域 D 为两圆 $r=2\cos\theta$ 及 $r=4\cos\theta$ 之间的闭区域,求薄板形心.

3. 求曲面 $z=4-\frac{x^2}{4}-\frac{y^2}{4}$ 与平面 $z=0$ 所围成的立体的体积.

4. 求由曲面 $z=4-x^2$ 与平面 $2x+y=4$ 及坐标平面所围成的立体在第一卦限部分的体积.

5. 求由抛物线 $y=x^2$ 及直线 $y=1$ 所围成的均匀薄片(密度 $\mu=3$)关于直线 $y=-1$ 的转动惯量.

B层题

1. 设以原点为圆心，a 为半径的圆板薄片的密度函数 $\mu(x,y)=x^2+y^2$，求该薄片的质量.

2. 均匀的平面薄片所占区域 D 由 $y=x$ 与 $y=x^2$ 围成，求该薄片的形心.

3. 计算面密度为 $\mu(x,y)=xy$，由抛物线 $y=x^2$ 与 $x=y^2$ 围成的薄片的重心.

4. 求由平面 $z=0$ 及球面 $z=\sqrt{R^2-x^2-y^2}$ 所围成的几何体的体积.

5. 求由曲面 $z^2=x^2+y^2$ 与 $z=\sqrt{8-x^2-y^2}$ 所围成的立体图形的体积.

6. 求面密度为4,内半径为1,外半径为2,均匀圆环型薄板对于环心(垂直于环面的轴)及直径的转动惯量.

1. 求坐标平面与平面 $x+y+z=2$ 所围成的立体的体积.

2. 薄板所占区域 D 由抛物线 $y^2=x$ 及直线 $y=x-2$ 围成,面密度 $\mu(x,y)=xy$,求薄板的质量.

3. 求面密度为 $\mu(x,y)=x^2y$，所占区域 $D=\{(x,y)\mid -1\leqslant x\leqslant 1, 0\leqslant y\leqslant 2\}$ 的矩形薄板的重心.

4. 已知均匀薄板所占闭区域 $D=\{(x,y)\mid x^2+y^2=4, y\geqslant 0\}$，求薄板的形心.

5. 求由 $x=2, y=3, x+y+z=4$ 在第一卦限内围成的立体图形的体积.

复习与自测题 8

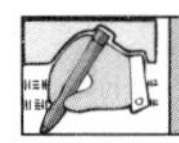

本章知识结构与要点

1. 知识结构

二重积分是一元函数定积分的推广和发展，其概念和性质都是由微元法的思想方法得到的. 我们可以通过类比的方法看出定积分与二重积分之间的联系与区别，从而加深对二重积分相关知识点的理解.

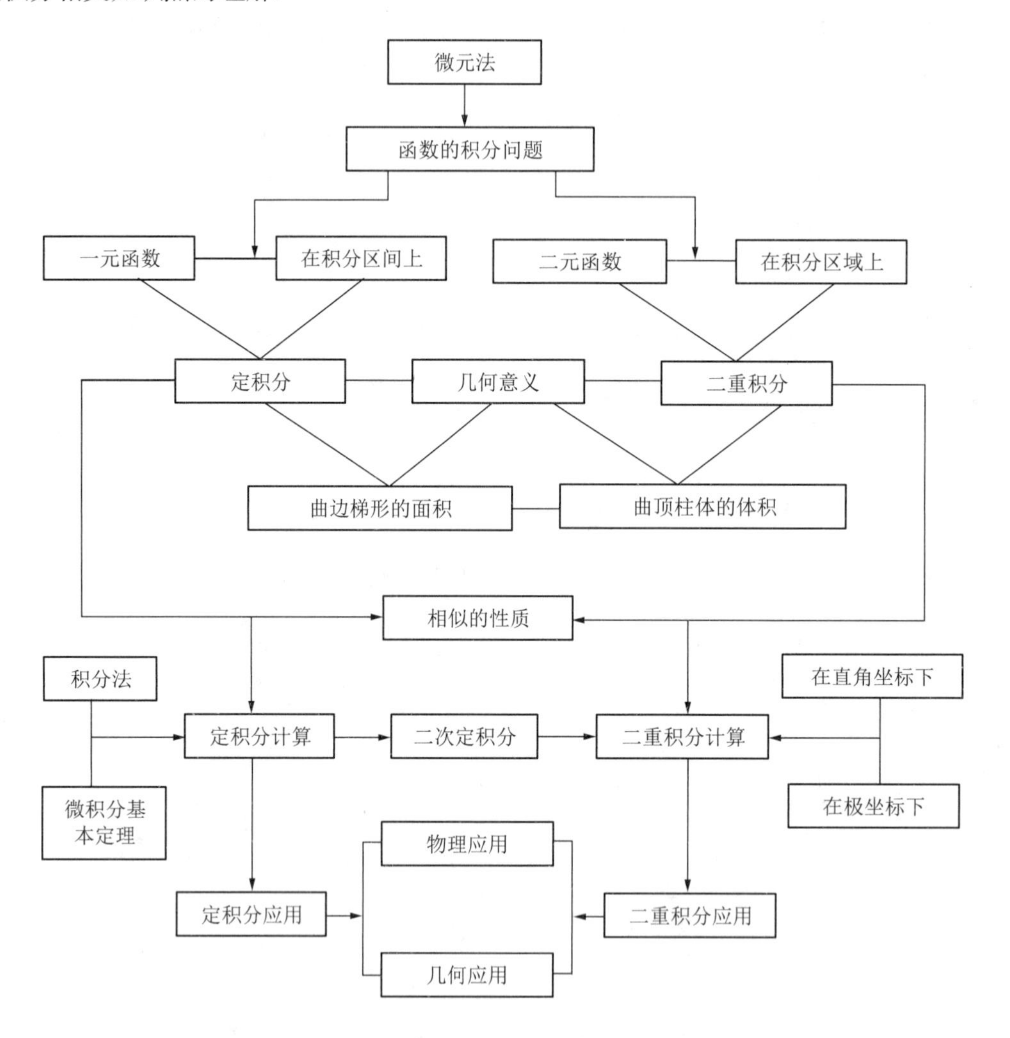

2. 注意要点

进行二重积分计算，即化二重积分为二次积分. 首先弄清积分区域的特征是关键，再恰当而准确地确定积分次序和积分限. 在直角坐标系下，若为 x -型区域，先对 y 后对 x 的积分;若为 y -型区域,先对 x 后对 y 的积分. 在极坐标系下,一般先对 r 后对 θ 的积分.

有时,既要考虑积分区域的特征,还要注意被积函数的结构. 如果遇到某些被积函数的原函数不能用初等函数表示,我们不妨改选区域类型或交换积分次序再计算.

一、填空题

1. 设 $I=\iint\limits_{D} e^{-(x^2+y^2)}d\sigma, D=\{(x,y)\mid x^2+y^2\leqslant 1\}$,则 ________ $\leqslant I\leqslant$ ________.

2. 已知区域 $D=\{(x,y)|0\leqslant x\leqslant 1,0\leqslant y\leqslant 1\}$,极坐标系下的区域 $D=$ ________ $\cup$ ________.

3. 曲面 $z=0,x+y+z=1,x^2+y^2=1$ 所围立体的体积可用二重积分表示为________________.

4. 交换积分次序,将二次积分 $\int_{-1}^{0}dx\int_{e^{2x}}^{e^x}f(x,y)dy$ 化为 ________ + ________.

5. 已知 D 是 xOy 面内的一薄板,面密度 $\mu=\mu(x,y)$,设 $I=\iint\limits_{D}\mu y^2 d\sigma$,则 I 表示该薄板对于 ________ 轴的 ________.

二、选择题

1. 已知区域 $D=D_1+D_2$,且 $f(x,y)$在 D_1 上大于零,在 D_2 上小于零,以 D_1、D_2 为底,$f(x,y)$为顶的曲顶柱体的体积分别为 V_1、V_2,则$\iint\limits_{D}f(x,y)d\sigma=$(　　).

A. V_1+V_2;　　B. V_1-V_2;　　C. V_2-V_1;　　D. $-(V_1+V_2)$.

2. 已知区域 $D:|x|\leqslant 1$, $|y|\leqslant 1$,则$\iint\limits_{D}x e^{\cos xy}\sin xy\,dx dy=$(　　).

A. e;　　B. 0;　　C. 2;　　D. e^{-2}.

3. 已知$\int_{0}^{1}f(x)dx=\int_{0}^{1}xf(x)dx$, 则$\iint\limits_{D}f(x)dxdy$ (其中 $D:x+y\leqslant 1,x\geqslant 0,y\geqslant 0$) 的值是(　　).

A. 2;　　B. 0;　　C. $\frac{1}{2}$;　　D. 1.

4. 设 $f(x,y)$在 $x^2+y^2\leqslant b^2$ 内连续,$D=\{(x,y)|a^2\leqslant x^2+y^2\leqslant b^2,\ y\geqslant 0\}$,则二重积分$\iint\limits_{D}f(x,y)dxdy$ 可化为二次积分(　　).

A. $\int_{-b}^{b}dx\int_{0}^{\sqrt{b^2-x^2}}f(x,y)dy-\int_{-a}^{a}dx\int_{0}^{\sqrt{a^2-x^2}}f(x,y)dy$;

B. $\int_{-b}^{b}dx\int_{\sqrt{a^2-x^2}}^{\sqrt{b^2-x^2}}f(x,y)dy$;

C. $\int_{-a}^{b}dx\int_{\sqrt{a^2-x^2}}^{\sqrt{b^2-x^2}}f(x,y)dy$;

D. $\int_{-b}^{-a}\mathrm{d}x\int_{\sqrt{a^2-x^2}}^{\sqrt{b^2-x^2}}f(x,y)\mathrm{d}y+\int_{a}^{b}\mathrm{d}x\int_{\sqrt{a^2-x^2}}^{\sqrt{b^2-x^2}}f(x,y)\mathrm{d}y$.

5. 设$D=\{(x,y)|x^2+y^2\leqslant 1\}$,位于抛物面$z=x^2+y^2$以上和圆锥面$z=\sqrt{x^2+y^2}$以下的立体图形的体积不能表示为(　　).

A. $\iint\limits_D\sqrt{x^2+y^2}\mathrm{d}\sigma-\iint\limits_D(x^2+y^2)\mathrm{d}\sigma$；　B. $\iint\limits_D(x^2+y^2)\mathrm{d}\sigma-\iint\limits_D\sqrt{x^2+y^2}\mathrm{d}\sigma$；

C. $\iint\limits_D(\sqrt{x^2+y^2}-x^2-y^2)\mathrm{d}\sigma$；　D. $\iint\limits_D|x^2+y^2-\sqrt{x^2+y^2}|\mathrm{d}\sigma$.

6. 半径为1的半圆形薄板,其上各点处的密度值等于该点到圆心的距离,则薄板对直径的静力矩大小为(　　).

A. $\frac{2}{3}$；　B. 0；　C. $\frac{3}{2\pi}$；　D. $\frac{\pi}{3}$.

三、解答题

1. 计算二重积分$\iint\limits_D(x^2+y^2)\mathrm{d}\sigma$，其中$D$是闭区域:$0\leqslant y\leqslant\sin x,0\leqslant x\leqslant\pi$.

2. 计算二重积分$\int_1^3\mathrm{d}y\int_{y-1}^{2}\mathrm{e}^{x^2}\mathrm{d}x$的值.

3. 计算二重积分$\iint\limits_D(x^2+y^2)\mathrm{d}\sigma$,其中$D$由直线$y=x,y=x+a,y=a$及$y=3a\ (a>0)$所围成.

4. 计算二重积分 $\iint\limits_{D}(x+y)\mathrm{d}\sigma$，其中 $D: x^2+y^2-2x \leqslant 0$.

5. 设 $f(u)$ 在 $[-1,1]$ 上连续，D 为 $|x|+|y| \leqslant 1$，证明：$\iint\limits_{D} f(x+y)\mathrm{d}x\mathrm{d}y=\int_{-1}^{1} f(u)\mathrm{d}u$.

四、应用题

1. 求由平面 $x=0$，$y=0$ 及 $x+y=1$ 所围成的柱体被平面 $z=0$ 及抛物面 $x^2+y^2=6-z$ 截得的立体的体积.

2. 薄板的形状是由圆 $x^2+y^2=2y$ 的内部及圆 $x^2+y^2=1$ 的外部所构成的区域 D，且每一点的密度与这点距离原点的距离成反比，找出薄板重心的位置.

一、填空题

1. 已知 $D=\{(x,y)\mid 2x+y\leqslant 2, x\geqslant 0, y\geqslant 0\}$，则 $\iint\limits_D \mathrm{d}\sigma=$________.

2. 已知 $I=\iint\limits_D \ln(x^2+y^2)\mathrm{d}\sigma$，$D$ 为环域：$\frac{1}{2}\leqslant x^2+y^2\leqslant 1$. 则 I________0.

3. 设 $I_1=\iint\limits_D (x+y)^2\mathrm{d}\sigma, I_2=\iint\limits_D (x+y)^3\mathrm{d}\sigma, D: (x-2)^2+(y-1)^2\leqslant 1$，则 I_1 与 I_2 的大小关系是________.

4. 化积分 $\iint\limits_D f(x,y)\mathrm{d}x\mathrm{d}y, D=\{(x,y)\mid x^2+y^2\leqslant 2x\}$ 为极坐标形式的二次积分________.

5. 设 $D=\{(x,y)\mid 0\leqslant x\leqslant 1, 0\leqslant y\leqslant \pi\}$，则 $\iint\limits_D y\cos(xy)\mathrm{d}\sigma=$________.

二、选择题

1. 已知 $f(x,y)$ 在有界闭区域 D 上可积，$D\supset D_0$，则下式成立的是(　　).

A. $\iint\limits_D f(x,y)\mathrm{d}\sigma>\iint\limits_{D_0} f(x,y)\mathrm{d}\sigma$；　　B. $\iint\limits_D f(x,y)\mathrm{d}\sigma<\iint\limits_{D_0} f(x,y)\mathrm{d}\sigma$；

C. $\iint\limits_D f(x,y)\mathrm{d}\sigma\geqslant\iint\limits_{D_0} f(x,y)\mathrm{d}\sigma$；　　D. $\iint\limits_D |f(x,y)|\mathrm{d}\sigma>\iint\limits_{D_0} |f(x,y)|\mathrm{d}\sigma$.

2. 设 $I=\iint\limits_D \sqrt[3]{x^2+y^2-1}\,\mathrm{d}\sigma$，其中 $D=\{(x,y)\mid 1\leqslant x^2+y^2\leqslant 2\}$，则有(　　).

A. $I>0$；　　B. $I<0$；

C. $I=0$；　　D. $I\neq 0$，但符号不能确定.

3. 设区域 $D=\{(x,y)\mid x^2+y^2\leqslant 1, x\geqslant 0, y\geqslant 0\}$，则在极坐标系下，二重积分 $\iint\limits_D \mathrm{e}^{\sqrt{x^2+y^2}}\mathrm{d}x\mathrm{d}y$ 可表示为(　　).

A. $\int_0^{\pi}\mathrm{d}\theta\int_0^1 \mathrm{e}^r\mathrm{d}r$；　　B. $\int_0^{\pi}\mathrm{d}\theta\int_0^1 \mathrm{e}^r r\mathrm{d}r$；

C. $\int_0^{\frac{\pi}{2}}\mathrm{d}\theta\int_0^1 \mathrm{e}^r r\mathrm{d}r$；　　D. $\int_0^{\frac{\pi}{2}}\mathrm{d}\theta\int_0^1 \mathrm{e}^r\mathrm{d}r$.

4. 设 $I=\iint\limits_D xy\mathrm{d}\sigma$，其中 D 由 $y^2=x$ 及 $y=x-2$ 围成，则(　　).

A. $I=\int_0^4\mathrm{d}x\int_{y+2}^{y^2} xy\mathrm{d}y$；　　B. $I=\int_0^1\mathrm{d}x\int_{-\sqrt{x}}^{\sqrt{2}x} xy\mathrm{d}y+\int_1^4\mathrm{d}x\int_{x-2}^{x} xy\mathrm{d}x$；

C. $I=\int_{-1}^2\mathrm{d}y\int_{y^2}^{y+2} xy\mathrm{d}x$；　　D. $I=\int_{-1}^2\mathrm{d}x\int_{y^2}^{y+2} xy\mathrm{d}y$.

5. 交换 $\int_0^1\mathrm{d}y\int_0^{\sqrt{1-y}} 3x^2y^2\mathrm{d}x$ 的积分次序后得(　　).

A. $\int_0^1\mathrm{d}x\int_0^{\sqrt{1-x}} 3x^2y^2\mathrm{d}y$；　　B. $\int_0^{\sqrt{1-y}}\mathrm{d}x\int_0^1 3x^2y^2\mathrm{d}y$；

C. $\int_0^1\mathrm{d}x\int_0^{1-x^2} 3x^2y^2\mathrm{d}y$；　　D. $\int_0^1\mathrm{d}x\int_0^{1+x^2} 3x^2y^2\mathrm{d}y$.

6. 设平面区域 D 上薄板的密度函数为 $\mu(x,y)$，则二重积分形式 $\iint\limits_D x\mu(x,y)\mathrm{d}\sigma$ 表示下面的量是(　　).

A. 质量；　　B. 对轴的力矩；　　C. 重心；　　D. 对轴的转动惯量.

三、解答题

1. 计算二重积分$\iint\limits_{D} xy\mathrm{d}\sigma$，其中 D 由 $x=0, y=\mathrm{e}$ 及 $y=\mathrm{e}^{x}$ 围成.

2. 求$\iint\limits_{D}\cos(x^{2}+y^{2})\mathrm{d}\sigma$ 的值，其中 $D: x^{2}+y^{2}\leqslant\frac{\pi}{4}$.

3. 计算二重积分$\iint\limits_{D}(1+x)\sin y\mathrm{d}\sigma$，其中 D 是顶点分别为$(0,0)$、$(1,0)$、$(1,2)$ 及$(0,1)$的梯形闭区域.

4. 计算二重积分$\iint\limits_D xy^2\mathrm{d}\sigma$，其中$D=\{(x,y)\mid x^2+y^2\leqslant 4,x\geqslant 0\}$.

5. 交换$\int_1^{\mathrm{e}}\mathrm{d}x\int_0^{\ln x}y\mathrm{e}^y\mathrm{d}y$的积分次序并求值.

四、应用题

1. 求由曲面$x^2+y^2=4x$，$2z=x^2+y^2$及平面$z=0$所围成的立体的体积.

2. 设平面薄板所占区域D为一个三角形区域，三个顶点分别是$(0,0)$，$(1,1)$，$(4,0)$，其面密度$\mu(x,y)=x$.求：(1) 该薄板的质量；(2) 薄板的重心位置；(3) 薄板的转动惯量I_x.

一、填空题

1. 二重积分$\iint\limits_D f(x,y)\mathrm{d}\sigma$，$f(x,y)>0$的几何意义为________.

2. 已知定义在xOy面上的曲面$z_1=f(x,y)$，$z_2=g(x,y)$，且$z_1\leqslant z_2$，用二重积分表示曲面z_1、z_2及柱面$x^2+y^2=a^2$所围立体体积$V=$________.

3. 平面薄板占有xOy面上的闭区域D，面密度$\mu(x,y)=x^2$，则薄板的质量用二重积分表示为________.

4. 已知二重积分$I=\iint\limits_D \frac{\mathrm{d}\sigma}{2+\cos^2 x+\cos^2 y}$，$D$由$|x|=\frac{\pi}{2}$及$|y|=\frac{\pi}{2}$围成的闭区域，则________$\leqslant I\leqslant$________.

5. 面积元素$\mathrm{d}\sigma$在直角坐标系中表示为________，在极坐标系中表示为________.

二、选择题

1. 已知$\int_0^x f(y)\mathrm{d}y=\frac{x}{1+x^2}$，则$\int_{-1}^1 \mathrm{d}x\int_0^x f(y)\mathrm{d}y=$(　　).

A. 1；　　B. -1；　　C. 0；　　D. x.

2. 已知区域D：$|x|\leqslant 2,0\leqslant y\leqslant x^2$，则$\iint\limits_D xy^2\mathrm{d}x\mathrm{d}y=$(　　).

A. 0；　　B. $\frac{32}{3}$；　　C. $\frac{64}{3}$；　　D. 256.

3. $\int_0^1\mathrm{d}x\int_0^{1-x}f(x,y)\mathrm{d}y=$(　　).

A. $\int_0^{1-x}\mathrm{d}y\int_0^1 f(x,y)\mathrm{d}x$；　　B. $\int_0^1\mathrm{d}y\int_0^{1-x}f(x,y)\mathrm{d}x$；

C. $\int_0^1\mathrm{d}y\int_0^1 f(x,y)\mathrm{d}x$；　　D. $\int_0^1\mathrm{d}y\int_0^{1-y}f(x,y)\mathrm{d}x$.

4. 设D是由$|x|=2,|y|=1$所围成的区域，则$\iint\limits_D xy^2\mathrm{d}\sigma=$(　　).

A. $\frac{4}{3}$；　　B. $\frac{8}{3}$；　　C. $\frac{16}{3}$；　　D. 0.

5. 设D是xOy面上的面积为1的均匀薄板($\mu=1$)，令$I_1=\iint\limits_D x\mathrm{d}x\mathrm{d}y$，$I_2=\iint\limits_D y\mathrm{d}x\mathrm{d}y$，则$I_1,I_2$依次表示薄板$D$(　　).

A. 对x轴、y轴的转动惯量；　　B. 对y轴、x轴的转动惯量；

C. 对x轴、y轴的静力矩；　　D. 重心的横、纵坐标.

6. 已知$\iint\limits_D\sqrt{a^2-x^2-y^2}\,\mathrm{d}\sigma=\pi$，其中$D$：$x^2+y^2\leqslant a^2$，则$a=$(　　).

A. 1；　　B. $\sqrt[3]{\frac{3}{2}}$；　　C. $\sqrt[3]{\frac{3}{4}}$；　　D. $\sqrt[3]{\frac{1}{2}}$.

三、解答题

1. 计算积分$\iint\limits_{D}(x^2+y^2)\,\mathrm{d}\sigma$，其中$D$由$x=0$，$x=1$，$y=1$及$y=2$所围成.

2. 计算$\iint\limits_{D}(3x+2y)\,\mathrm{d}\sigma$，其中$D$由坐标轴与直线$x+y=2$围成.

3. 计算$\iint\limits_{D}x^2y\,\mathrm{d}\sigma$，其中$D$由$y=1-x^2$及$x$轴围成.

4. 计算$\iint\limits_{D}(x^2+y^2-x)\,\mathrm{d}\sigma$，其中$D$由$y=2$，$y=x$及$y=2x$围成.

5. 交换积分序 $\int_0^1 dx \int_{-\sqrt{x}}^{\sqrt{x}} f(x,y)dy + \int_1^4 dx \int_{x-2}^{\sqrt{x}} f(x,y)dy$.

四、应用题

1. 求由四个平面 $x=0, y=0, x=1, y=1$ 围成的柱体被平面 $z=0$ 与 $z=6-2x-3y$ 截得的立体的体积.

2. 电子分布在长方形区域 $1 \leqslant x \leqslant 3, 0 \leqslant y \leqslant 2$ 中,电荷密度为 $\mu(x,y)=2xy+y^2$(单位:c/m^2),求该区域中总的电荷数.

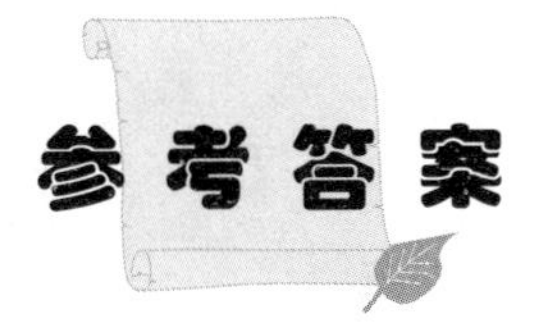

参考答案

第 1 章　初等函数

练习题 1.1 与 1.2

A 层题

1. (1) $f[f(x)]=\dfrac{f(x)}{1+f(x)}=\dfrac{x}{1+2x}$；　(2) $f(3x)=\dfrac{3x}{1+3x}=\dfrac{3f(x)}{1+2f(x)}$.

2. (1) $x\in(-4,-3)\cup(1,4)$；　(2) $x\in[-2,4]$.

3. $x\in\left[\dfrac{1}{3},\dfrac{2}{3}\right]$.

4. (1) 函数 $y=\sqrt{1+e^{3x}}$ 是由 $y=\sqrt{u}$, $u=1+e^{v}$, $v=3x$ 复合而成；　(2) 函数 $y=f\left(\arctan^2\dfrac{1}{x}\right)$ 是由 $y=f(u)$, $u=v^2$, $v=\arctan t$, $t=\dfrac{1}{x}$ 复合而成.

5. (1) 无界；　(2) 有界；　(3) 无界.

6. 当 $|x|<1$ 且 $x\neq0$ 时，$f[f(x)]=\sqrt{1-f^2(x)}=\sqrt{1-(1-x^2)}=|x|$；　当 $x=0$ 时，$f(0)=1$，$f[f(0)]=f(1)=2$；　当 $|x|\geqslant1$ 时，$f(x)=x^2+1\geqslant2$，$f[f(x)]=f^2(x)+1=(x^2+1)^2+1$，所以
$f[f(x)]=\begin{cases}|x|, & 0<|x|<1\\(x^2+1)^2+1, & x=0\text{ 或 }|x|\geqslant1\end{cases}$.

B 层题

1. $f(x)=\dfrac{(x+1)^2}{9}+1$.

2. (1) $x\in(-\infty,-3)\cup(3,+\infty)$；　(2) $x\in(-\infty,-1)\cup[1,+\infty)$；　(3) $x\in[-1,0)\cup(0,1)$；
(4) $x\in[-2,-\sqrt{2}]\cup[\sqrt{2},2]$；　(5) $x\in\left[2k\pi+\dfrac{\pi}{6},2k\pi+\dfrac{5\pi}{6}\right](k\in\mathbf{Z})$；　(6) $x\in(1,+\infty)$.

3. $f(x+1)=\begin{cases}x+1, & x<-1\\x+2, & x\geqslant-1\end{cases}$；$f(x-1)=\begin{cases}x-1, & x<1\\x, & x\geqslant1\end{cases}$.

4. (1) $y=u^4$, $u=\tan v$, $v=2x$；　(2) $y=\cos u$, $u=\sqrt{v}$, $v=1-2x$；　(3) $y=\sin u$, $u=v^2$, $v=\ln t$, $t=x^3+x$；　(4) $y=u^2$, $u=\arcsin v$, $v=3x-1$；　(5) $y=\sqrt{u}$, $u=\csc v$, $v=\dfrac{x^2+1}{2}$；　(6) $y=3^u$, $u=v^2$, $v=x+1$.

5. (1) 奇函数；　(2) 偶函数.

6. (1) 无界；　(2) 有界；　(3) 有界.

C 层题

1. (1) $f(x)$ 的图像见图 1.1；　(2) $f(-1)=1$, $f(0)=0$, $f(1)=2$.

2. (1) $x\in\{x\mid x\neq\pm1\}$；　(2) $x\in(-\infty,4]$；　(3) $x\in\left(\dfrac{1}{2},+\infty\right)$；　(4) $x\in[0,2]$；
(5) $x\in(-\infty,-1)\cup(3,+\infty)$；　(6) $x\in(-1,1)$.

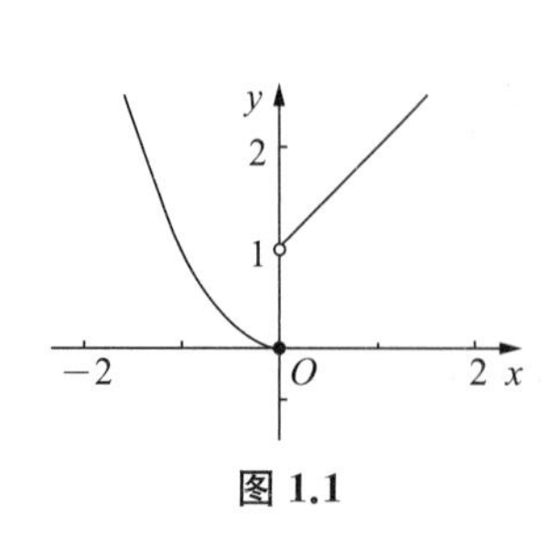

图 1.1

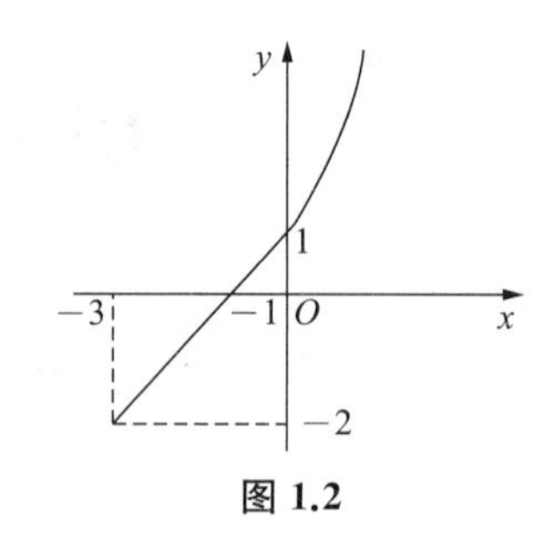

图 1.2

3. (1) $f(x)$的定义域是$x\in[-3,+\infty)$，$f(1)=e^1=e$，$f(0)=0+1=1$，$f(-2)=-2+1=-1$；(2) $f(x)$的图像见图 1.2.

4. (1) $y=\sin u, u=3x$； (2) $y=u^9, u=x+1$； (3) $y=\sqrt{u}, u=3-8x$； (4) $y=u^3, u=\ln v, v=x+1$； (5) $y=\sec u, u=\dfrac{1}{x}$； (6) $y=3\arctan u, u=1-x$.

5. (1) 否，定义域不同； (2) 否，对应关系不同； (3) 否，定义域不同； (4) 否，定义域不同.

6. y_2；y_1，y_2 和 y_4.

练习题 1.3

A 层题

1. 水稻产量与施肥量间函数模型的示意图见图 1.3.

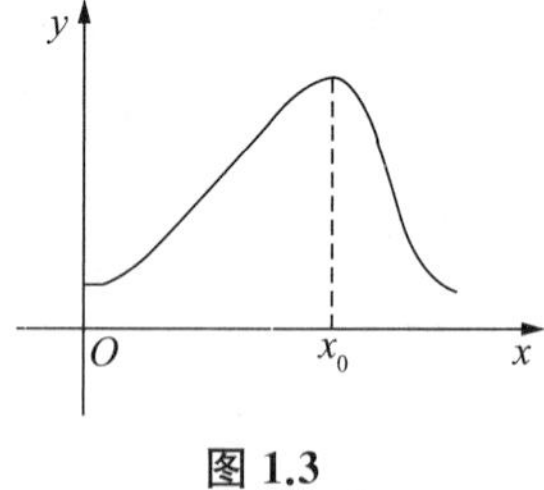

图 1.3

2. (1) $P(x)=90-\dfrac{x-100}{100}=91-\dfrac{x}{100}, x\in[0,1600]$； (2) $L(x)=\left(91-\dfrac{x}{100}-60\right)x=\left(31-\dfrac{x}{100}\right)x$； (3) $x=1000$(台)时，$L(1000)=21000$(元).

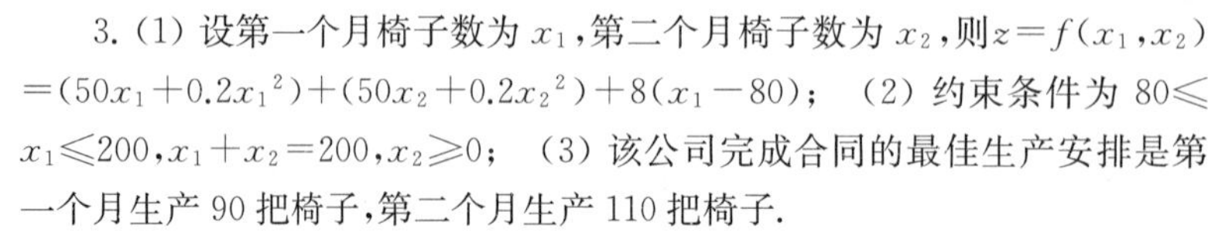

3. (1) 设第一个月椅子数为 x_1，第二个月椅子数为 x_2，则$z=f(x_1,x_2)=(50x_1+0.2x_1{}^2)+(50x_2+0.2x_2{}^2)+8(x_1-80)$； (2) 约束条件为 $80\leqslant x_1\leqslant 200$，$x_1+x_2=200$，$x_2\geqslant 0$； (3) 该公司完成合同的最佳生产安排是第一个月生产 90 把椅子，第二个月生产 110 把椅子.

4. (1) 本金为 A_0，计息期利率为 r，计息期数为 t 的本利和公式为$A=A_0(1+r)^t$； (2) $A=100\times e^{0.0198\times 10}\approx 121.90$ 元； (3) 每年的平均增长率为 6.93%.

5. (1) 疏散是有秩序地撤出建筑物； (2) 排成单行行进； (3) 队列中人员间的间隔是均匀的； (4) 队列匀速地撤离建筑物.

6. 设种植了 x 亩蔬菜，y 亩烟叶，z 亩小麦，则

$$\begin{cases} x+y+z=50 \\ \dfrac{1}{2}x+\dfrac{1}{3}y+\dfrac{1}{4}z=20 \\ x\geqslant 0, y\geqslant 0, z\geqslant 0 \end{cases}$$

整理得：$y=90-3x$，$z=2x-40$，且 $20\leqslant x\leqslant 30$　总产值 $u=1100x+750y+600z=50(x+870)$　因此，当 $x=30$ 时，预计总产值最高，此时，$y=0$，$z=20$，$\dfrac{1}{2}x=15$，$\dfrac{1}{4}z=5$　即当种植方案见表时，可以达到要求，此时预计总产值

作物品种	种植亩数	所需职工数
蔬菜	30	15
烟叶	0	0
小麦	20	5

$u=50\times(30+870)=45000$(元)

B 层题

1. 设上山运动函数为 $S_1(t)$，$t\in[0,12]$，下山运动函数为 $S_2(t)$，$t\in[0,12]$，S 表示 A 到 B 的距离，求时刻 t_0，使 $S_1(t_0)=S-S_2(t_0)$.

2. 见图 1.4.

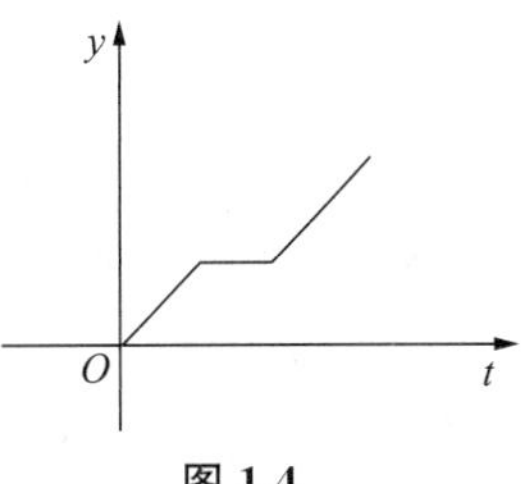

图 1.4

3. (1) 设学生人数为 x，甲、乙两家旅行社的收费分别为 $y_甲$ 和 $y_乙$，则 $y_甲=240+120x$，$y_乙=240\times0.6(x+1)=144(x+1)$； (2) $y_甲-y_乙=240+120x-144(x+1)=96-24x$，所以当学生数为 4 时，收费一样. (3) 当学生数小于 4 时，甲旅行社优惠；当学生数大于 4 时，乙旅行社优惠.

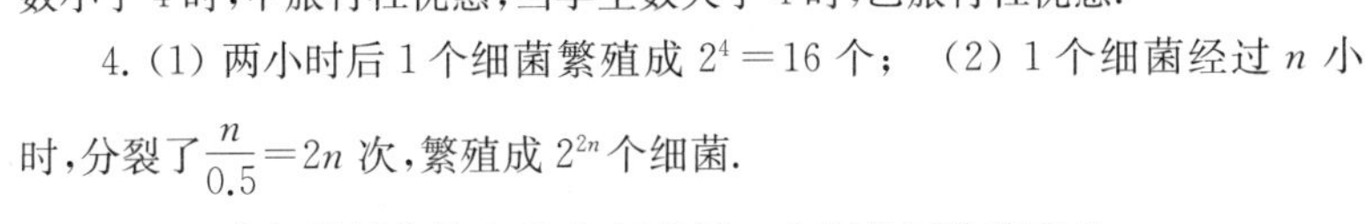

4. (1) 两小时后 1 个细菌繁殖成 $2^4=16$ 个； (2) 1 个细菌经过 n 小时，分裂了 $\dfrac{n}{0.5}=2n$ 次，繁殖成 2^{2n} 个细菌.

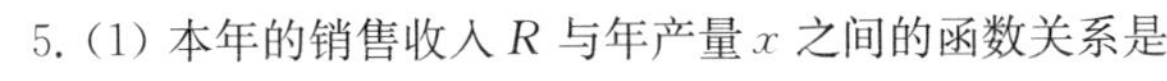

5. (1) 本年的销售收入 R 与年产量 x 之间的函数关系是

$$R(x)=\begin{cases}250x, & 0\leqslant x\leqslant 600\\ 250x-4000, & 600< x\leqslant 800\\ 196000, & x>800\end{cases}$$ ；(2) 见图 1.5.

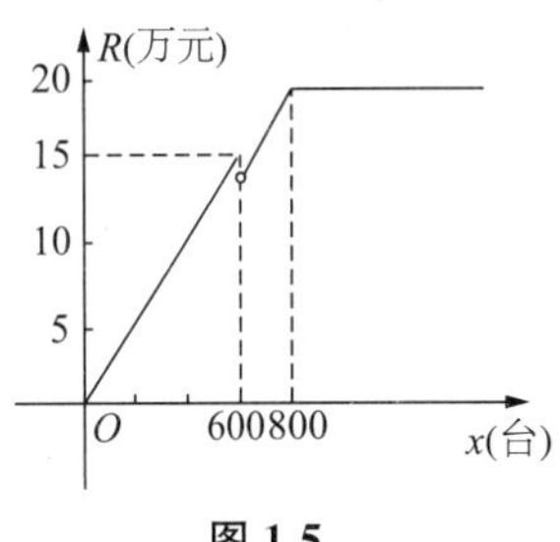

图 1.5

6. (1) 跳楼价占原价的 85.75%； (2) 按新售方案销售更盈利.

C 层题

1. (1) $h=\dfrac{V}{\pi r^2}$； (2) $S=\dfrac{2V}{r}+\pi r^2$.

2. $y=5x+80$.

3. (1) 花圃的示意图见图 1.6； (2) $y=(24-2x)(15-2x)$； (3) 定义域为$(0,7.5)$.

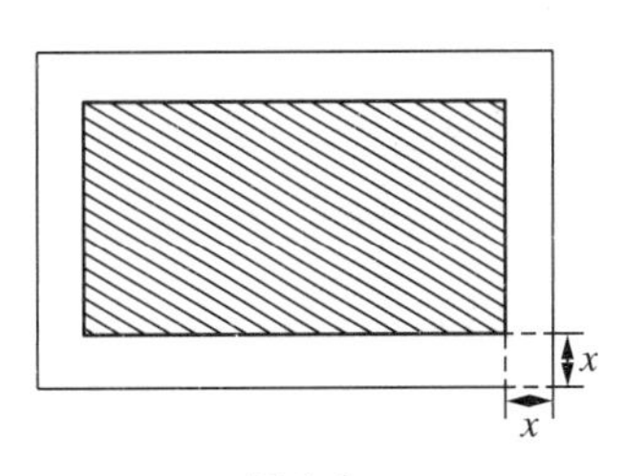

图 1.6

4. A.

5. (1) 设元器件的个数为 x，平均成本$\overline{C}(x)=\dfrac{C(x)}{x}=\dfrac{150}{x}+10$； (2) 总收入函数 $R(x)=15x$； (3) 利润函数 $L(x)=R(x)-C(x)=5x-150$，令 $L(x)=0$，得 $x=30$(元).

6. 略.

复习与自测题 1

A 层题

一、填空题.

1. $(-\infty,-1)\cup(1,+\infty)$. 2. $f(x)$. 3. $y=\mathrm{e}^u$ 和 $u=x\ln x$. 4. $f(x)=2-2x^2$. 5. -2.

6. $\ln\sqrt{\sin x}$；$\sqrt{\sin(\ln x)}$. 7. $\dfrac{1+x}{1+2x}\left(x\neq0,x\neq-1,x\neq-\dfrac{1}{2}\right)$. 8. $y=(x-1)^2(x\geqslant1)$.

二、选择题.

1. D； 2. D； 3. C； 4. D； 5. B； 6. C； 7. B； 8. B； 9. A； 10. C.

三、解答题.

1. (1) $x\in[-2,-1)\cup(-1,0]$； (2) $x\in\left[0,\dfrac{1}{3}\right)$.

2. (1) 函数 $y=\sqrt{\tan\dfrac{x}{2}}$ 由 $y=\sqrt{u}$，$u=\tan v$，$v=\dfrac{x}{2}$ 复合而成；

(2) 函数 $y=\ln^2[\sin(x^2-1)]$ 由 $y=u^2$，$u=\ln v$，$v=\sin t$，$t=x^2-1$ 复合而成.

3. $f\left[f\left(\frac{1}{x}\right)\right]=\frac{x+1}{2x+1}$. 4. 4π. 5. 略.

四、分析题.

1. (1) $f[\theta(x)]$的定义域是$(0,+\infty)$； (2) 不可以.

2. (1) 小李为 2280 元,小张为 2040 元； (2) $y_2=1800x+5600$； (3) 从 9 月份开始,小张的工资高于小李的工资.

B 层题

一、填空题.

1. $(-\infty,-1)\cup(1,+\infty)$. 2. e^{2x};e^{x^2}. 3. $y=\tan u$;$u=x^2$. 4. $T=\frac{2\pi}{5}$. 5. $f(x)=x^2-4$.

6. 0. 7. $\frac{2\pi}{3}$. 8. 0.

二、选择题.

1. D； 2. C； 3. A； 4. C； 5. C； 6. C； 7. C； 8. A； 9. D； 10. D.

三、解答题.

1. (1) $x\in[-2,1)\cup(1,2]$； (2) $x\in(-\infty,-1]\cup[4,+\infty)$.

2. (1) 由 $y=u^2,u=\sin v,v=2x-\frac{\pi}{3}$复合而成； (2) 由 $y=\arcsin u,u=v^2,v=\sin t,t=3x+1$ 复合而成.

3. $f(x-1)=\begin{cases}x^2-1, & x\leqslant 1\\ 0, & x>1\end{cases}$.

4. $x\in(-\infty,+\infty)$;$f(0)=0$;$f\left(\frac{\pi}{2}\right)=1$;$f(-\pi)=0$.

5. 奇函数.

四、讨论题.

1. 偶函数. 2. (1) 256 元； (2) $y=\begin{cases}0.3x, & 0\leqslant x\leqslant 5000\\ 0.4x-500, & 5000<x\leqslant 20000\\ 0.5x-2500, & x>20000\end{cases}$； (3) 29000 元.

C 层题

一、填空题.

1. $[2,+\infty)$. 2. 0;10. 3. 1,$\frac{\pi}{6}$. 4. 坐标原点. 5. $y=u^2$;$u=2-x$. 6. $\sqrt{\sin x}$;$\sin\sqrt{x}$.

二、选择题.

1. C； 2. A； 3. D； 4. D； 5. D； 6. D； 7. B； 8. C； 9. C； 10. A.

三、解答题.

1. $f(-3)=5$;$f(x+1)=x^2+3x+1$;$f(2x)=4x^2+2x-1$.

2. (1) $x\in(-\infty,1)\cup(1,2)\cup(2,+\infty)$； (2) $x\in[-2,2]$.

3. (1) 函数 $y=\cos\frac{x+1}{2}$由 $y=\cos u,u=\frac{x+1}{2}$复合而成； (2) 函数 $y=e^{\sin 6x}$由 $y=e^u,u=\sin v,v=6x$ 复合而成.

4. (1) 偶函数； (2) 奇函数.

5. (1) $3x^2+1$； (2) $(3x+1)^2$； (3) $x=0$ 或 $x=-1$.

四、应用题.

1. (1) 邮资 y 与信件重量 x 之间的函数关系式为 $y=\begin{cases}4, & 0<x\leqslant 10\\ 0.3x+1, & 10<x\leqslant 200\end{cases}$； (2) 10 元.

2. (1) 根据题意可知 $x\leqslant 300$ 且 $x+60\geqslant 301$，即 $241\leqslant x\leqslant 300$； (2) 零售价是 $\frac{m^2-1}{x}$，批发价是 $\frac{m^2-1}{x+60}$.

第2章 极限与连续

练习题 2.1

A 层题

1. (1) $\frac{\pi}{2}$； (2) $\frac{3}{4}$； (3) 1. 2. (1) $\frac{2\sqrt{2}}{3}$； (2) $\frac{1}{2}$； (3) $\frac{3}{4}$； (4) -1.

3. (1) $\frac{1}{2}$； (2) 原式$=\begin{cases}0,k>2\\ \frac{1}{2},k=2\\ \infty,k<2\end{cases}$. 4. $a=1,b=-1$.

5. 因为 $\lim\limits_{x\to 0-}f(x)=-1$，$\lim\limits_{x\to 0+}f(x)=1$，所以$\lim\limits_{x\to 0}f(x)$不存在. 6. $a=1$.

B 层题

1. (1) 0； (2) 不存在； (3) 不存在. 2. (1) $0,+\infty$,不存在； (2) $+\infty,-\infty,1$； (3) 不存在，$\frac{\sqrt{3}}{2}$. 3. (1) -2； (2) 10； (3) $-\frac{4}{3}$； (4) $\frac{3}{4}$； (5) $\frac{3}{2}$； (6) $\left(\frac{2}{3}\right)^{10}$； (7) $\frac{1}{2}$； (8) $\frac{3}{2}$.

4. $a=0,b=-1$. 5. $\lim\limits_{x\to\infty}\frac{1}{e^x}=0$ 不正确. 6. $\lim\limits_{x\to 0}\arctan\frac{1}{x}$不存在.

C 层题

1. (1) 0； (2) 0； (3) $\frac{2}{3}$； (4) 不存在.

2. (1) 0； (2) $0;+\infty$;不存在； (3) $-\frac{\pi}{2};\frac{\pi}{2}$;不存在； (4) 0;1;0.

3. (1) 4； (2) 0； (3) π； (4) $\frac{1}{16}$； (5) $\frac{1}{2}$； (6) 1. 4. (1) $\frac{1}{2}$； (2) $\frac{1}{6}$.

5. (1) 1； (2) 0； (3) $\frac{3}{2}$； (4) -1. 6. 不存在.

练习题 2.2 与 2.3

A 层题

1. $\frac{3}{2}$. 2. $\frac{1}{3}$. 3. -1. 4. e. 5. $a=\ln 2$. 6. 1.

B 层题

1. (1) $x\to+\infty$和 $x\to 0^+$ 时为无穷大量，$x\to 1$ 时为无穷小量； (2) $x\to-\infty$时为无穷大量，$x\to+\infty$时为无穷小量； (3) $x\to\infty$时为无穷大量，$x\to-2$ 和 $x\to 1$ 时为无穷小量； (4) $x\to\pm 2$ 时为无穷大量，$x\to-1$和 $x\to\infty$时为无穷小量.

2. (1) 0； (2) 0； (3) 0. 3. $a=2$. 4. (1) $\frac{1}{4}$； (2) 2； (3) 2； (4) 1； (5) 1； (6) $\frac{1}{4}$.

5. 提示：$a^n-b^n=(a-b)(a^{n-1}+a^{n-2}b+\cdots+b^{n-1})$ 6. (1) e^{-3}； (2) e； (3) e^{2a}.

C 层题

1. (1) $x\to\infty$时为无穷大量，$x\to1$时为无穷小量； (2) $x\to0$时为无穷大量，$x\to\infty$时为无穷小量； (3) $x\to+\infty$时为无穷大量，$x\to-\infty$时为无穷小量； (4) $x\to2$时为无穷大量，$x\to1$时为无穷小量.

2. (1) 0； (2) 1； (3) 0； (4) 0.

3. (1) $\frac{1}{2}$； (2) 3； (3) 1； (4) $\frac{1}{2}$； (5) 1； (6) $\frac{1}{2}$.

4. (1) ∞； (2) ∞； (3) 0； (4) 0.

5. (1) e^{12}； (2) $e^{\frac{1}{6}}$； (3) e^{-5}； (4) $e^{\frac{1}{2}}$； (5) e^{15}； (6) e^{-4}.

6. e^{-1}.

练习题 2.4

A 层题

1. $f(x)$在$x=0$处连续.

2. $f(x)$在$x=0$处不连续，若修改$f(x)$在$x=0$处的定义，令$f(0)=-2$，则$f(x)$在该点处连续.

3. $x=0$及$x=2$是$f(x)$的第二类间断点中的无穷间断点；$x=1$是$f(x)$的第一类间断点中的可去间断点.

4. $f(x)=\lim\limits_{n\to\infty}\frac{1-x^{2n}}{1+x^{2n}}x=\begin{cases}x,|x|<1\\0,|x|=1\\-x,|x|>1\end{cases}=\begin{cases}-x,x<-1\\0,x=-1\\x,-1<x<1\\0,x=1\\-x,x>1\end{cases}$，经讨论左右极限知：$x=-1$是$f(x)$的第一类间断点中的跳跃间断点；$x=1$是$f(x)$的第一类间断点中的跳跃间断点；当$x\neq\pm1$时，$f(x)$处处连续.

5. 根据连续函数零点定理，$f(x)$在$(0,2)$内至少有一正根；$f(x)$在$(-2,0)$内至少有一负根.

6. 提示：设$g(x)=f(x)-f\left(x+\frac{a}{2}\right)$，则$g(x)$在$\left[0,\frac{a}{2}\right]$上连续，推知$g(0)\cdot g\left(\frac{a}{2}\right)\leqslant0$，运用零点定理获证.

B 层题

1. $f(x)$在$x=0$处不连续. 2. 当$a=\frac{b}{2}$时，$f(x)$在$x=0$处连续.

3. $x=-2$是第一类间断点中的可去间断点；$x=2$是第二类间断点中的无穷间断点.

4. 当$x\neq k\pi$时，$f(x)$处处连续；当$x=k\pi$时，$f(x)$间断.$k=0$时，$x=0$为第一类间断点中的可去间断点；$k\neq0$时，$x=k\pi$为第二类间断点中的无穷间断点.

5. (1) 0； (2) 1； (3) e^{-1}； (4) 1. 6. 运用零点定理.

C 层题

1. (1) $x\in(-\infty,1)$； (2) $x\in(3,+\infty)$； (3) $x\in(-\infty,-5)\cup(-5,5)\cup(5,+\infty)$； (4) $x\in[1,4)$. 2. $a=1$. 3. $f(x)$在$x=0$处不连续. 4. (1) 有无穷间断点$x=2$； (2) 有无穷间断点$x=-1$； (3) 有无穷间断点$x=1$和可去间断点$x=-1$. 5. $x=0$是$f(x)$的间断点，属第一类间断点中的可去间断点. 6. (1) 0； (2) $\frac{\sqrt{2}}{4}$； (3) 1.

复习与自测题 2

A 层题

一、填空题.

1. 1. 2. $a=1,b=-\frac{1}{2}$. 3. $\frac{1}{2}\ln 2$. 4. 3. 5. $\frac{3}{2}$. 6. 连续. 7. e^3. 8. 0. 9. $\frac{2}{3}$.

二、选择题.

1. C； 2. B； 3. A； 4. D； 5. D； 6. C； 7. B； 8. C； 9. C； 10. D.

三、解答题.

1. $-\sin a$. 2. e^{-3}. 3. 0. 4. $\beta=\frac{1}{2011},\alpha=-\frac{2010}{2011}$. 5. $\lim\limits_{x\to 0-}f(x)=-2$；$\lim\limits_{x\to 0+}f(x)=2$.

四、讨论题.

1. $x=0$ 是无穷间断点；$x=1$ 是可去间断点,补充定义 $y\Big|_{x=1}=-\frac{\pi}{4}$ 可使函数 y 在 $x=1$ 处连续；$x=-1$ 是可去间断点,补充定义 $y\Big|_{x=-1}=\frac{\pi}{4}$ 可使函数 y 在 $x=-1$ 处连续.

2. 运用零点定理.

B 层题

一、填空题.

1. 0. 2. 4；-5. 3. $\frac{1}{2}$. 4. 1. 5. 1. 6. 0^+；0^-. 7. $(-\infty,-1]\cup[1,+\infty)$. 8. 无穷.

二、选择题.

1. C； 2. D； 3. C； 4. B； 5. D； 6. B； 7. D； 8. D； 9. B； 10. A.

三、解答题.

1. $-\frac{1}{2}$. 2. e^3. 3. $\frac{2}{3}$. 4. $c=\ln 2$ 5. $a=\pi,b=-\frac{\pi}{2}$.

四、讨论题.

1. $x=-1$ 是 $f(x)$的无穷间断点；$x=0$ 是 $f(x)$的可去间断点.

2. 证明略.

C 层题

一、填空题.

1. 2；0. 2. 0；4. 3. e^{-2}；$e^{-\frac{1}{6}}$. 4. 2. 5. $(-\infty,1)\cup(1,2)\cup(2,+\infty)$. 6. $+\infty$；$-\infty$.

二、选择题.

1. A； 2. A； 3. B； 4. D； 5. C； 6. C； 7. C； 8. C； 9. B； 10. D.

三、解答题.

1. 2. 2. e. 3. -15. 4. e^{-1}. 5. $a=1$.

四、讨论题.

1. $x=1$ 是可去间断点；$x=2$ 是无穷间断点.

2. $x=0$ 是 $f(x)$的间断点,是跳跃间断点.

第3章 导数与微分

练习题 3.1

A 层题

1. 1. 2. $f(1)=\lim\limits_{x\to1}f(x)=0,f'(1)=\lim\limits_{x\to1}\dfrac{f(x)-f(1)}{x-1}=\lim\limits_{x\to1}\dfrac{f(x)}{x-1}=2$ 3. $f'_-(1)\neq f'_+(1)$,故 $f'_{(1)}$不存在. 4. $f(x)$在 $x=1$ 处连续但不可导. 5. $a=-2,b=1$. 6. $x=\sqrt{\dfrac{1}{2\pm\sqrt{3}}}=\sqrt{2\pm\sqrt{3}}$.

B 层题

1. (1) -6; (2) 6. 2. $f'(a)=\varphi(a)$. 3. $\lim\limits_{x\to0}\dfrac{f(x)-f(0)}{x-0}=3$. 4. $f(x)$在 $x=0$ 处连续且可导.

5. $a=4,b=-5$. 6. 切线方程为 $y-\dfrac{1}{4}=x-\dfrac{1}{2}$,法线方程为 $y-\dfrac{1}{4}=-1\left(x-\dfrac{1}{2}\right)$.

C 层题

1. (1) 4; (2) -2. 2. $\lim\limits_{x\to0}\dfrac{f(x)}{x}=8$. 3. (1) $y'=3$; (2) $y'=3x^2$; (3) $y'=4x^3$; (4) $y'=-\dfrac{1}{2x\sqrt{x}}$.

4. $f(x)=\begin{cases}1, & x>1\\ -1, & x<1\end{cases}$,在 $x=1$ 处不可导.

5. (1) $\bar{v}=\dfrac{\Delta h}{\Delta t}=0.5$(米/秒); (2) $v(t)=h'(t)=10-gt$; (3) $v(1)=0$(米/秒).

6. 切线方程 $y-\dfrac{\sqrt{2}}{2}=-\dfrac{\sqrt{2}}{2}\left(x-\dfrac{\pi}{4}\right)$;法线方程 $y-\dfrac{\sqrt{2}}{2}=\sqrt{2}\left(x-\dfrac{\pi}{4}\right)$.

练习题 3.2

A 层题

1. $y'=f'[x^2+f(x^2)][2x+2xf'(x^2)]$.

2. 当 $x\neq0$ 时,$f'(x)=\dfrac{1-e^{\frac{1}{x}}-\dfrac{1}{x}e^{\frac{1}{x}}}{(1-e^{\frac{1}{x}})^2}$;当 $x=0$ 时, $f'_-(x)\neq f'_+(x)$,从而 $f'(0)$不存在.

3. $y'=\dfrac{-1}{1+\ln y}$;$y''(1+\ln y)+\dfrac{(y')^2}{y}=0$,$y''\Big|_{x=0}=-\dfrac{(y')^2}{y(1+\ln y)}\Big|_{x=0}=-1$.

4. $y'=\dfrac{1}{3}\sqrt[3]{\dfrac{x\ln x}{e^x(x^2+1)}}\left[\dfrac{1}{x}+\dfrac{1}{x\ln x}-1-\dfrac{2x}{x^2+1}\right]$.

5. 对数求导法,$y'=\dfrac{\ln\sin y+y\tan x}{\ln\cos x-x\cot y}$.

6. $y=\dfrac{2}{3(x-2)}+\dfrac{1}{3(x+1)}=\dfrac{2}{3}(x-2)^{-1}+\dfrac{1}{3}(x+1)^{-1}$, $y^{(n)}=\dfrac{(-1)^n n!}{3}\left[2(x-2)^{-(n+1)}+(x+1)^{-(n+1)}\right]$.

B 层题

1. (1) $y'=3-\frac{1}{2x\sqrt{x}}+\frac{2}{3}\cdot\frac{1}{\sqrt[3]{x^5}}$；(2) $y'=-\frac{5}{2}x^{\frac{3}{2}}+\frac{1}{2\sqrt{x}}$；(3) $y'=\frac{2}{(\sin x+\cos x)^2}$；

(4) $y'=\sec^2 x\sin x+\sin x-\cos x$；(5) $y'=\frac{(x+1)e^x}{x^2+1}-\frac{2x^2e^x}{(x^2+1)^2}$；(6) $y'=\sec x\tan x+\sec^2 x$.

2. (1) $y'=2\sin 2x$；(2) $y'=-\frac{1}{\sqrt{1+x^2}}$；(3) $y'=9\arctan^2\left(2\tan\frac{x}{2}\right)\cdot\frac{\sec^2\frac{x}{2}}{1+4\tan^2\frac{x}{2}}$；

(4) $y'=\frac{2f'(x)}{f(x)}$.

3. $y'=\frac{x\ln x}{(x^2-1)^{\frac{3}{2}}}$；$y'|_{x=\sqrt{2}}=\frac{\sqrt{2}}{2}\ln 2$.

4. $y''(0)=1$.

5. (1) $y'=\frac{1}{2}\sqrt{x\sin x\sqrt{1-e^x}}\left[\frac{1}{x}+\cot x+\frac{e^x}{2(e^x-1)}\right]$；

(2) $y'=(\cos x)^{x^2}(2x\ln\cos x-x^2\tan x)$.

6. (1) $y^{(n)}=(x+n)e^x$；(2) $y^{(n)}=\frac{(-1)^n n!}{(x+1)^{n+1}}$；(3) $y^{(n)}=(-1)^n n!\left[\frac{1}{(x-1)^{n+1}}-\frac{1}{x^{n+1}}\right]$.

C 层题

1. (1) $y'=2\cos x+3\sin x$；(2) $y'=\frac{1}{x}+\frac{1}{x^2}$；(3) $y'=0$；(4) $y'=\frac{1}{2\sqrt{x}}-\frac{1}{2\sqrt{x^3}}+\frac{3}{x^2}$；

(5) $y'=-\frac{1}{x^2}-\frac{4}{x^3}-\frac{9}{x^4}$；(6) $y'=e^x+\frac{1}{1+x^2}$.

2. (1) $y'=e^x(\sin x+\cos x)$；(2) $y'=\arcsin x+\frac{x}{\sqrt{1-x^2}}$；(3) $y'=\cos 2x$；

(4) $y'=\frac{1}{3}x^{-\frac{2}{3}}(\ln x+3)$；(5) $y'=5x^4\tan x+x^5\sec^2 x$；(6) $y'=\frac{3}{2\sqrt{x}}+\frac{1}{\sqrt{x^3}}$.

3. (1) $y'=\frac{(x-2)e^x}{x^3}$；(2) $y'=-\frac{\sin x}{\ln x}-\frac{\cos x}{x\ln^2 x}$；(3) $y'=\frac{4}{(x+2)^2}$；(4) $y'=-\frac{x+1}{x(x+\ln x)^2}$；

(5) $y'=-\frac{1}{(1+x^2)\arctan^2 x}$；(6) $y'=\frac{1}{(\sin x+\cos x)^2}$.

4. (1) $y'=2xe^{x^2}$；(2) $y'=-\frac{1}{x^2}\sec\frac{1}{x}\tan\frac{1}{x}$；(3) $y'=\frac{1}{2\sqrt{x(1-x)}}$；(4) $y'=\frac{3x^2-2}{x^3-2x}$；

(5) $y'=-\frac{x}{\sqrt{9-x^2}}$；(6) $y'=5(x^2-3x)^4(2x-3)$；(7) $y'=\frac{e^{\sin\sqrt{x}}\cdot\cos\sqrt{x}}{2\sqrt{x}}$；

(8) $y'=-3\tan^2(1-x)\sec^2(1-x)$.

5. (1) $y'=\left(\frac{1}{2\sqrt{x}}-\csc x\cot x\right)\sec^2(\sqrt{x}+\csc x)$；(2) $y'=e^{5x}(5\sin 2x+2\cos 2x)$；

(3) $y'=\frac{4e^{4x}-1}{2\sqrt{e^{4x}-x}}$.

6. (1) $y'=\frac{1}{6}\cos\frac{x}{6}$，$y''=-\frac{1}{36}\sin\frac{x}{6}$，$y'''=-\frac{1}{216}\cos\frac{x}{6}$；

(2) $y'=\frac{1}{x+1}$，$y''=-\frac{1}{(x+1)^2}$，$y'''=\frac{2}{(x+1)^3}$；

(3) $y'=\frac{1}{1+x^2},y''=-\frac{2x}{(1+x^2)^2},y'''=\frac{2(3x^2-1)}{(1+x^2)^3}$.

练习题 3.3

A 层题

1. (1) $\frac{1}{3}\tan 3x+C$； (2) $\frac{1}{2}e^{x^2}+C$； (3) $-e^{\frac{1}{x}}+C$.

2. 因为 $f'_+(0)=\lim\limits_{x\to 0+}\frac{x(e^x-1)}{x}=0,f'_-(0)=\lim\limits_{x\to 0-}\frac{x^3}{x}=0$，即 $f'(0)=0$，所以 $df(x)\Big|_{x=0}=f'(0)dx=0$.

3. $dy=\left[-e^{-x}\left(\frac{1}{\sqrt{x}\sqrt{1-x}}+\arccos\sqrt{x}\right)\arccos\sqrt{x}\right]dx$.

4. 先将函数式整理，再运用对数求导法：$dy=\frac{(2x+1)^2\sqrt[3]{2-3x}}{\sqrt[3]{(x-3)^2}}\left[\frac{4}{2x+1}-\frac{1}{2-3x}-\frac{2}{3(x-3)}\right]dx$.

5. $y'=\frac{\frac{1}{x+1}-y\cos(xy)}{\frac{1}{y}+x\cos(xy)}$，将 $x=0$ 代入原式得 $y=e$，所以 $dy\Big|_{x=0}=y'\Big|_{x=0}dx=(e-e^2)dx$.

6. $\ln 0.98=\ln(1-0.02)\approx\ln 1+1\cdot(-0.02)=-0.02$.

B 层题

1. (1) $\arctan x+C,\frac{1}{2}\ln(1+x^2)+C$； (2) $\frac{2}{3}x^{\frac{3}{2}}+C,e^{\sin x}+C$.

2. (1) $dy=-\frac{1}{x^2}\sin\frac{2}{x}dx$； (2) $dy=\frac{1}{x(x+2)}\cdot\sqrt{\frac{x+2}{x-2}}dx$.

3. $dy\Big|_{x=1}=\frac{4\arctan 2}{5}dx$.

4. (1) $dy=2xf'(x^2)\cos f(x^2)dx$； (2) $dy=-\frac{1}{2x\sqrt{x-1}}f'\left(\arcsin\frac{1}{\sqrt{x}}\right)dx$.

5. $dy=(1-\sqrt{x})^{\tan x}\left[(\sec^2 x)\ln(1-\sqrt{x})-(\tan x)\frac{1}{1-\sqrt{x}}\frac{1}{2\sqrt{x}}\right]dx$.

6. (1) $dy=\frac{2\sin(2x+y)}{2y-\sin(2x+y)}dx$； (2) $dy=\frac{1}{e^y-1}dx$.

C 层题

1. (1) $\cos x dx;\sec x\tan x dx$； (2) $x(2+x)e^x dx;\frac{1}{x}dx$.

2. (1) $\ln|x|+C;\frac{1}{3}x^3+C$； (2) $-\cos x+C;\frac{1}{3}e^{3x}+C$； (3) $\frac{1}{3};\frac{1}{10}$.

3. (1) $dy=300x^2(2x^3-1)^{49}dx$； (2) $dy=-\frac{1}{x^2}e^{\frac{1}{x}}dx$； (3) $dy=\frac{2x\cos x-\sin x}{2x\sqrt{x}}dx$； (4) $dy=\frac{3}{9+x^2}dx$.

4. (1) $dy=\cot x dx,dy|_{x=\frac{\pi}{4}}=dx$； (2) $dy=\frac{xdx}{\sqrt{x^2+1}},dy|_{x=1}=\frac{\sqrt{2}}{2}dx$.

5. $\Delta y=0.63,dy=0.6$.

6. 0.02.

复习与自测题 3

A 层题

一、填空题.

1. $f'(a)\cos f(a)$.

2. $f'(x_0)=\lim\limits_{\Delta x\to 0}\dfrac{f(x_0+\Delta x)-f(x_0)}{\Delta x}=\lim\limits_{\Delta x\to 0}\dfrac{-f(x_0+\Delta x)-[-f(x_0)]}{-\Delta x}=\lim\limits_{\Delta x\to 0}\dfrac{f(-x_0-\Delta x)-f(-x_0)}{-\Delta x}=$ $f'(-x_0)=m$.

3. $a=b=-1$. 4. $(1+2t)e^{2t}dt$. 5. $n>2$. 6. $-\dfrac{7}{8}x^{-\frac{15}{8}}$. 7. $x-\dfrac{1}{2}x^2$;$1-x$. 8. $2e^{2(x+1)}$.

二、选择题.

1. C; 2. C; 3. A; 4. A; 5. D; 6. B; 7. C; 8. D; 9. C; 10. D.

三、解答题.

1. $y'=1+\ln x, y^{(n)}=(-1)^n(n-2)!\ x^{-(n-1)}$,其中 $n\geqslant 2$.

2. $F(x)=\pi x f'(x), F'(x)=\pi[f'(x)+xf''(x)]$.

3. $f'(0)=1$;$f'(x)=\begin{cases}\cos x, & x<0\\ 1, & x\geqslant 0\end{cases}$.

4. $y''=\dfrac{f''(x+y)}{[1-f'(x+y)]^3}$.

5. $\dfrac{d^2x}{dy^2}=\dfrac{d}{dy}\left(\dfrac{dx}{dy}\right)=\dfrac{d}{dx}\left(\dfrac{1}{y'}\right)\dfrac{dx}{dy}=-\dfrac{y''}{(y')^2}\cdot\dfrac{1}{y'}=-\dfrac{y''}{(y')^3}$.

四、讨论题.

1. 提示:先讨论 $f(x)$在 $x=0$ 处的左右极限,求出 $c=1$;再由 $f'(x)$求得 $b=2$;最后得到 $a=-2$, $b=2, c=1$.

2. $f'(x)=\lim\limits_{\Delta x\to 0}\dfrac{f(x+\Delta x)-f(x)}{\Delta x}=\lim\limits_{\Delta x\to 0}\dfrac{f(x)[f(\Delta x)-1]}{\Delta x}=\lim\limits_{\Delta x\to 0}\dfrac{f(x)[1+\Delta x g(\Delta x)-1]}{\Delta x}=$ $\lim\limits_{\Delta x\to 0}f(x)\cdot g(\Delta x)=f(x)$.

B 层题

一、填空题.

1. -2. 2. $n!$. 3. $2x+y-2=0$;$x-2y+4=0$. 4. $-\dfrac{1}{2}\cos 2x+C$. 5. $\alpha>1$.

6. $\dfrac{1}{(x-1)\ln(x-1)}$. 7. $-e^x\sin e^x$. 8. $\dfrac{3}{\sqrt{1-9x^2}}dx$;$x^x(\ln x+1)dx$.

二、选择题.

1. D; 2. B; 3. A; 4. C; 5. D; 6. B; 7. A; 8. C; 9. B; 10. D.

三、解答题.

1. $2xf\left(\sin\dfrac{1}{x}\right)-f'\left(\sin\dfrac{1}{x}\right)\cos\dfrac{1}{x}$.

2. $y=x$.

3. 两边取对数,$\ln y=\dfrac{1}{2}\ln(x+2)+4\ln(3-x)-5\ln(1+x)\quad\Rightarrow y'=y\left[\dfrac{1}{2(x+2)}-\dfrac{4}{3-x}-\dfrac{5}{x+1}\right]\Rightarrow$ $dy=\dfrac{\sqrt{x+2}(3-x)^4}{(x+1)^5}\left[\dfrac{1}{2(x+2)}-\dfrac{4}{3-x}-\dfrac{5}{x+1}\right]dx$.

4. $f'(0)=\lim\limits_{x\to 0}\dfrac{x\arctan\dfrac{1}{x^2}}{x}=\dfrac{\pi}{2}$,而当 $x\neq 0$ 时,$f'(x)=\left(x\arctan\dfrac{1}{x^2}\right)'=\arctan\dfrac{1}{x^2}-\dfrac{2x^2}{1+x^4}$;因为

$\lim\limits_{x\to 0} f'(x)=\lim\limits_{x\to 0}\left[\arctan\dfrac{1}{x^2}-\dfrac{2x^2}{1+x^4}\right]=\dfrac{\pi}{2}=f'(0)$，所以 $f'(x)$ 在 $x=0$ 处连续.

5. 由 $\lim\limits_{x\to 1^-} f(x)=\lim\limits_{x\to 1^+} f(x)$ 得，$a+b=2$；由 $f'_-(1)=f'_+(1)$ 得，$a=1$，从而 $b=1$.

四、讨论题.

1. 设水深为 h，水面半径为 r，则 h 和 r 是关于时间 t 的函数，且 $r=\dfrac{3}{10}h$，(1) 水的体积 $V=\dfrac{1}{3}\pi r^2 h=\dfrac{1}{3}\pi\cdot\dfrac{9}{100}h^3=8t$，两边对 t 求导得 $\dfrac{3\pi}{100}\cdot 3h^2\cdot h'=8$，当 $h=4$ 米时，$h'\approx 1.77$ 米/分； (2) 液面面积 $S=\pi r^2=\pi\cdot\dfrac{9}{100}h^2$，两边对 t 求导得 $S'=\dfrac{9\pi}{100}\cdot 2h\cdot h'$ 代入 $h=4$，$h'=1.77$，得 $S'\approx 4$ 米^2/分.

2. 提示：$f(x)=f(x)f(0)\Rightarrow f(0)=1$，$f'(0)=\lim\limits_{x\to 0}\dfrac{f(x)-f(0)}{x-0}=\lim\limits_{x\to 0}\dfrac{f(x)-1}{x}=1$

再由 $f'(x)=\lim\limits_{\Delta x\to 0}\dfrac{f(x+\Delta x)-f(x)}{\Delta x}=\lim\limits_{\Delta x\to 0}\dfrac{f(x)f(\Delta x)-f(x)}{\Delta x}$ 推得.

C 层题

一、填空题.

1. 0.　2. $-\dfrac{2}{x^3}$.　3. $\dfrac{\pi}{4}$.　4. $\sec x+c$.　5. 8.　6. $\dfrac{1}{3\sqrt{x}}$；$\dfrac{1}{x}$.　7. $-\dfrac{1}{2\sqrt{1-x}}$.　8. $-\sin x$；e^{-x}.

二、选择题.

1. D；　2. B；　3. A；　4. D；　5. C；　6. D；　7. C；　8. C；　9. D；　10. C.

三、解答题.

1. $y'=\dfrac{1}{\sin x\cos x}+\dfrac{\sec^2\ln x}{x}$.　2. $y'\Big|_{x=\frac{\pi}{2}}=\dfrac{-1}{1+\dfrac{\pi}{2}}$.　3. $dy=\cot x\,dx$.　4. $dy\Big|_{x=1}=y'\Big|_{x=1}dx=e^x dx$.

5. $y^{(n)}=\begin{cases} e^x+2x, & n=1 \\ e^x+2, & n=2. \\ e^x, & n\geqslant 3 \end{cases}$

四、讨论题.

1. (1) 点 P 的坐标是 $(2,-1)$； (2) $x+y-1=0$.

2. $\Delta y=(3\times 1.01^2-1)-(3\times 1^2-1)=0.0603$；故 $dy\Big|_{\substack{x=1\\ \Delta x=0.01}}=6\times 1\times 0.01=0.06$.

第 4 章　导数的应用

练习题 4.1

A 层题

1. $-\dfrac{1}{8}$.　2. 1.　3. $-\dfrac{1}{3}$.　4. $-\ln 2$.　5. $e^{-\frac{2}{\pi}}$.　6. $e^{\frac{1}{3}}$.　7. $\dfrac{1}{6}$.　8. e^{-1}.

B 层题

1. $\dfrac{\pi^2}{2}$.　2. 1.　3. $\dfrac{1}{2}$.　4. 1.　5. $e^{\frac{1}{\pi}}$.　6. 1.　7. 1.　8. 2.

C 层题

1. (1) $-\dfrac{1}{2}$； (2) 1； (3) 0； (4) 1； (5) 32； (6) $-\dfrac{1}{2}$.　2. (1) 1； (2) 0； (3) 0； (4) 3；

(5) 1； (6) 1. 3. (1) $\frac{1}{2}$； (2) 1； (3) 1； (4) 1.

练习题 4.2 与 4.3

A 层题

1. (1) 在$(-\infty,1]$上函数单调递增，在$[1,+\infty)$上函数单调递减；

(2) 在$(-\infty,0]$和$\left[\frac{2}{5},+\infty\right)$上函数单调递增，在$\left[0,\frac{2}{5}\right]$上函数单调递减；

(3) 在$\left(-\infty,-\frac{1}{2}\right]$和$\left[\frac{13}{14},+\infty\right)$上函数单调递增，在$\left[-\frac{1}{2},\frac{13}{14}\right]$上函数单调递减.

2. 提示：设 $f(x)=\ln x-\frac{x-1}{x+1}$，显然 $f(x)$在$(0,+\infty)$上连续，由 $f'(x)=\frac{x^2+1}{x(x+1)^2}>0$，知 $f(x)$在$(0,+\infty)$上单调递增. 分别当 $0<x<1$ 及当 $x\geqslant 1$ 时讨论.

3. (1) $x=1$ 是极大值点，函数的极大值是$\frac{1}{3}$； (2) 函数在 $x=0$ 处取得极大值 0，在 $x=1$ 处取得极小值-3； (3) 函数在 $x=\mathrm{e}$ 处取得极大值为 $\mathrm{e}^{\frac{1}{\mathrm{e}}}$； (4) 无极值.

4. (1) 最大值是$\frac{5}{4}$，最小值是$\sqrt{6}-5$； (2) 最小值是-4，最大值是 0.

5. 梁的抗弯截面模量 $W=\frac{1}{6}bh^2$ 在 $b=\frac{\sqrt{3}}{3}\mathrm{d}$ 处取得最大值，这时矩形截面的高 $h=\frac{\sqrt{b}}{3}\mathrm{d}$.

B 层题

1. (1) 在$(-1,0]$上函数单调递增，在$[0,1)$上函数单调递减；

(2) 在$[0,1)$和$(1,2]$上函数单调递增，在$(-\infty,0]$和$[2,+\infty)$上函数单调递减；

(3) 在$\left[\frac{\pi}{3},\frac{5\pi}{3}\right]$上函数单调递增，在$\left[0,\frac{\pi}{3}\right]$和$\left[\frac{5\pi}{3},2\pi\right]$上函数单调递减；

(4) 在$\left[0,\frac{4}{5}\right]$上函数单调递减，在$(-\infty,0]$和$\left[\frac{4}{5},+\infty\right)$上函数单调递增.

2. 证法参照 A 层题中的第 2 题.

3. (1) 极小值$-\frac{1}{\mathrm{e}}$； (2) 极大值$\sqrt{2}$，极小值$-\sqrt{2}$； (3) 极小值 $1-\frac{\pi}{2}$，极大值$\frac{\pi}{2}-1$.

4. (1) 最大值 55，最小值 27； (2) 最大值 $2\pi+2$，最小值$\frac{5\pi}{6}-\sqrt{3}$； (3) 最大值 3，最小值 1.

5. 表面积 S 在底面长分别为 3 和 6 处取得最小值为 54.

C 层题

1. (1) 在$(-\infty,-3]$上函数单调递减，在$[-3,+\infty)$上函数单调递增；

(2) 在$\left[0,\frac{1}{4}\right]$上函数单调递增，在$\left[\frac{1}{4},+\infty\right)$上函数单调递减；

(3) 在$(0,1]$上函数单调递减，在$[1,+\infty)$上函数单调递增；

(4) 在$[0,+\infty)$上函数单调递增，在$(-\infty,0]$上函数单调递减.

2. 略.

3. (1) 函数的极大值是 1，函数的极小值是 0； (2) 函数的极大值是-1； (3) 极小值是$-\frac{1}{\mathrm{e}}$.

4. (1) 最大值是 15，最小值是 6； (2) 最大值是 1，最小值是-3； (3) 最小值是 1.

5. 边长为$\sqrt{S}$的正方形周长最短.

练习题 4.4

A 层题

1. (1) 在$(1,+\infty)$上是凹的,在$(0,1)$上是凸的,拐点是$(1,-7)$;

(2) 在$(-\infty,1)$上是凸的,在$(1,+\infty)$上是凹的;

(3) 在$(-\infty,0)$和$(1,+\infty)$上是凹的,在区间$(0,1)$上是凸的,拐点是$(0,-1)$和$\left(1,\frac{5}{9}\right)$;

(4) 函数在区间$\left(-\infty,-\frac{1}{2}\right)$是凸的,在区间$\left(-\frac{1}{2},+\infty\right)$是凹的,拐点是$\left(-\frac{1}{2},e^{\operatorname{arccot}\left(-\frac{1}{2}\right)}\right)$.

2. 由$\begin{cases}f'(-2)=0\\f''(1)=0\\f(1)=-10\\f(-2)=44\end{cases}$解得$\begin{cases}a=1\\b=-3\\c=-24\\d=16\end{cases}$.

3. 提示:令 $f(t)=t^n$,证得$\frac{1}{2}(f(x)+f(y))>f\left(\frac{x+y}{2}\right)$.

B 层题

1. (1) 在$\left(-\infty,\frac{5}{3}\right)$上是凸的,在$\left(\frac{5}{3},+\infty\right)$上是凹的,拐点是$\left(\frac{5}{3},\frac{20}{27}\right)$;

(2) 在$(-1,0)$上是凸的,在$(-\infty,-1)$和$(0,+\infty)$上是凹的,拐点是$(-1,0)$;

(3) 函数在区间$(-\infty,0)$是凸的,在区间$(0,+\infty)$是凹的,拐点是$(0,0)$;

(4) 函数在区间$\left(-\infty,\frac{1}{2}\right)$是凸的,在区间$\left(\frac{1}{2},1\right)\cup(1,+\infty)$是凹的,拐点是$\left(\frac{1}{2},e^{-2}\right)$.

2. 由$\begin{cases}f'(1)=0\\f''(2)=0\\f(2)=2\end{cases}$解得$\begin{cases}a=3\\b=-18\\c=27\end{cases}$

3. $f(x)=x^3-6x^2+9x+2$.

C 层题

1. (1) 函数在区间$(-\infty,0)$是凸的,在区间$(0,+\infty)$是凹的,拐点是$(0,1)$;

(2) 函数在区间$(-\infty,0)$是凸的,在区间$(0,+\infty)$是凹的;

(3) 函数在区间$(0,+\infty)$是凸的;

(4) 函数在区间$\left(-\frac{\sqrt{2}}{2},\frac{\sqrt{2}}{2}\right)$是凸的,在区间$\left(-\infty,-\frac{\sqrt{2}}{2}\right)$和$\left(\frac{\sqrt{2}}{2},+\infty\right)$凹的,拐点是$\left(-\frac{\sqrt{2}}{2},e^{-\frac{1}{2}}\right)$和$\left(\frac{\sqrt{2}}{2},e^{-\frac{1}{2}}\right)$;

(5) 函数在区间$(-\infty,-1)$和$(1,+\infty)$是凸的,在区间$(-1,1)$凹的,拐点是$(1,\ln 2)$和$(-1,\ln 2)$.

2. $a=-\frac{3}{16},b=-\frac{9}{8}$.

练习题 4.5

A 层题

1. (1) $y=\frac{\pi}{4}$为曲线的一条水平渐近线,无铅直渐近线;

(2) $y=1$ 为曲线的一条水平渐近线,$x=0$ 为曲线的一条铅直渐近线;

(3) $y=0$ 为曲线的一条水平渐近线,$x=\frac{1}{2}$为曲线的一条铅直渐近线;

(4) $y=0$ 为曲线的一条水平渐近线，$x=0$ 为曲线的一条铅直渐近线.

2. (1) 见图 4.1；　　(2) 见图 4.2.

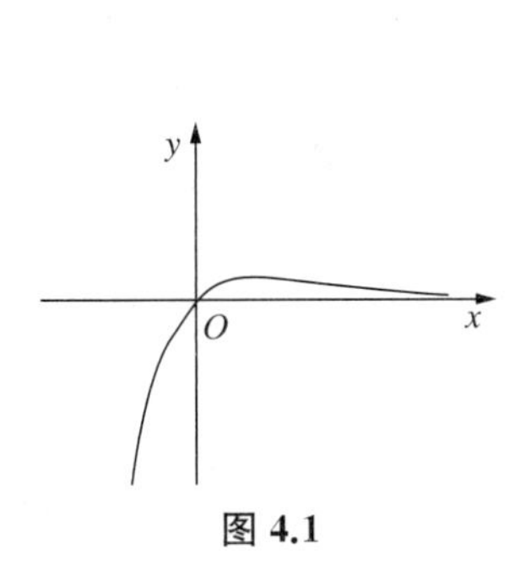

图 4.1

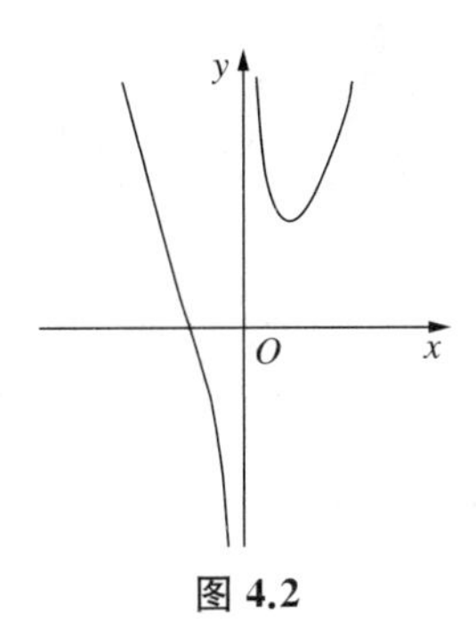

图 4.2

B 层题

1. (1) $y=\dfrac{1}{2}$ 为曲线的一条水平渐近线；

(2) $y=1$ 为曲线的一条水平渐近线，$x=-1$ 和 $x=3$ 为曲线的铅直渐近线；

(3) $y=0$ 为曲线的一条水平渐近线，$x=1$ 为曲线的铅直渐近线；

(4) $y=-3$ 为曲线的一条水平渐近线，$x=0$ 和 $x=-3$ 为曲线的铅直渐近线.

2. (1) 见图 4.3；　　(2) 见图 4.4.

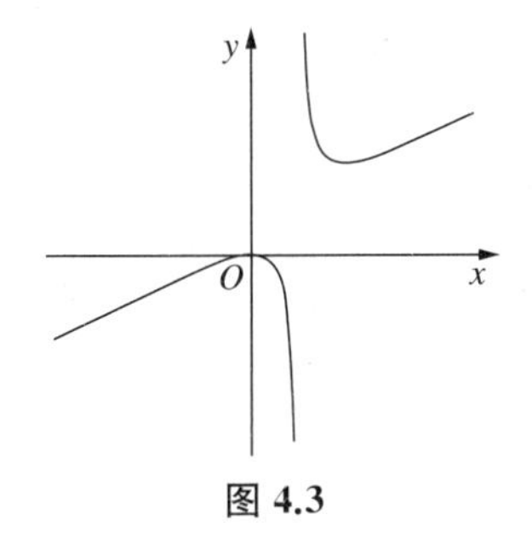

图 4.3

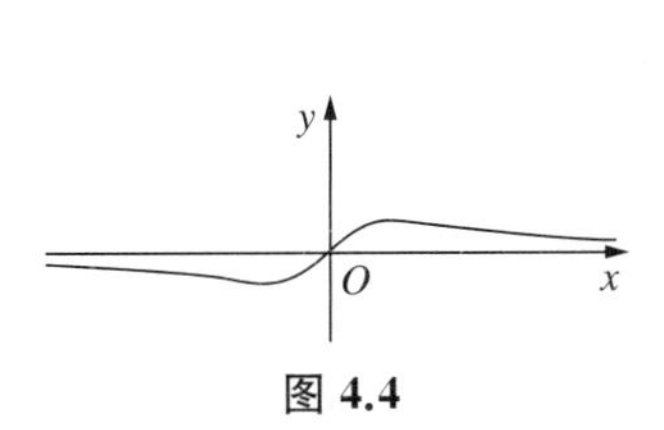

图 4.4

C 层题

1. (1) $y=5$ 为曲线的一条水平渐近线，$x=2$ 为曲线的铅直渐近线；

(2) $y=1$ 为曲线的一条水平渐近线，$x=1$ 为曲线的铅直渐近线；

(3) $y=0$ 为曲线的一条水平渐近线；

(4) $x=-1$ 和 $x=1$ 为曲线的铅直渐近线.

2. (1) 见图 4.5；　　(2) 见图 4.6.

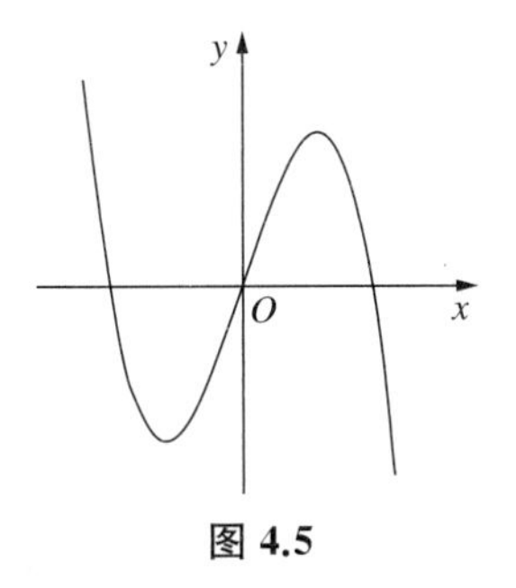

图 4.5

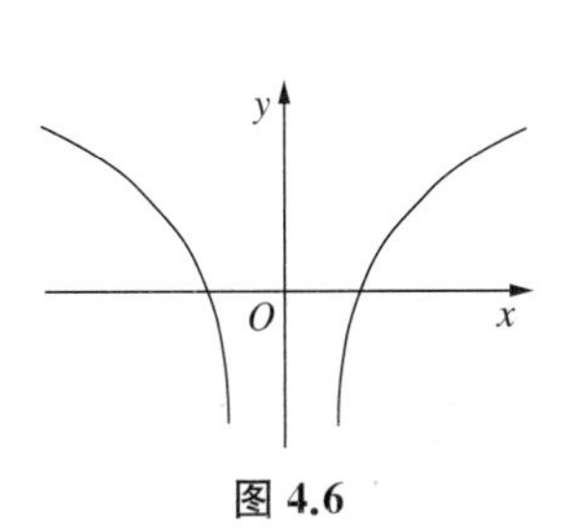

图 4.6

复习与自测题 4

A 层题

一、填空题.

1. $e^{-\frac{\pi}{2}}$.　2. 0.　3. $(-\infty,0]\cup[1,+\infty)$；$[0,1]$.　4. 2；0.　5. $4x^3-3x$.

二、选择题.

1. D；　2. C；　3. B；　4. C；　5. D；　6. C.

三、解答题.

1. (1) $-\frac{\sqrt{2}}{4}$；　(2) -1；　(3) 2；　(4) 1.

2. (1) 区间$[-2,0)\cup(0,2]$是函数的单调减区间，区间$(-\infty,-2]$和$[2,+\infty)$是函数的单调增区间；

(2) 区间$[n,+\infty)$是函数的单调减区间，区间$[0,n]$是函数的单调增区间.

3. (1) 函数在 $x=3$ 处取得极大值 108，在 $x=5$ 处取得极小值 0；

(2) 函数在 $x=0$ 处取得极大值 0，在 $x=\frac{2}{5}$ 处取得极小值$-\frac{3}{25}\sqrt[3]{20}$.

4. (1) 最大值是 e，最小值是 0；

(2) 最大值是$-\frac{2\sqrt{6}}{9}+2\sqrt[3]{\frac{2\sqrt{6}}{9}}$，最小值是$\frac{2\sqrt{6}}{9}+2\sqrt[3]{-\frac{2\sqrt{6}}{9}}$.

5. 提示：设 $f(t)=\cos t$，证得 $f\left(\frac{x+y}{2}\right)\geqslant\frac{f(x)+f(y)}{2}$.

四、应用题.

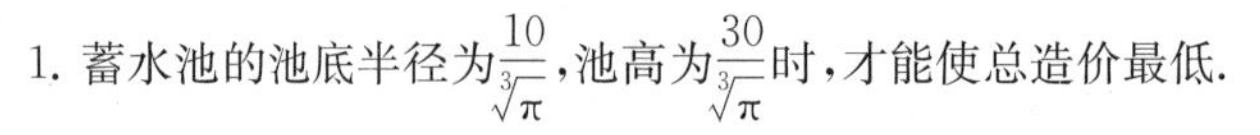

1. 蓄水池的池底半径为$\frac{10}{\sqrt[3]{\pi}}$，池高为$\frac{30}{\sqrt[3]{\pi}}$时，才能使总造价最低.

2. 见图 4.7.

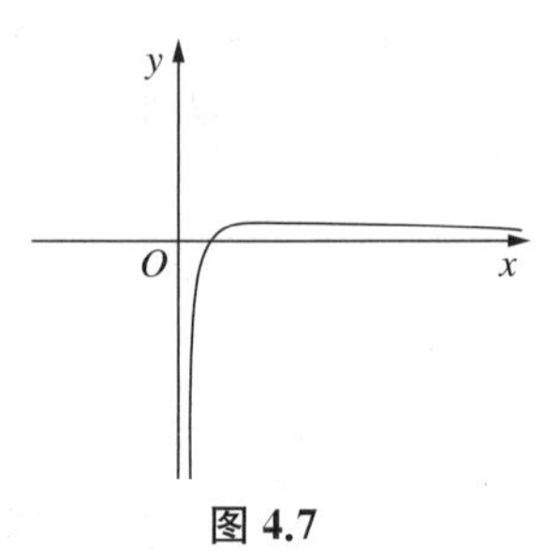

图 4.7

B 层题

一、填空题.

1. 2.　2. -1；小；1；大.　3. $(0,e]$；$[e,+\infty)$.　4. $\frac{\pi}{2}$；$-\frac{\pi}{2}$.　5. $x=0$ 和 $x=-\frac{1}{2}$.

二、选择题.

1. D；　2. B；　3. A；　4. D；　5. B；　6. D.

三、解答题.

1. (1) 2；　(2) $\frac{1}{6}$；　(3) $-\frac{1}{4}$；　(4) 0.

2. (1) 区间$(-\infty,-1]$和$[3,+\infty)$是函数的单调增区间，区间$[-1,3]$是函数的单调减区间；

(2) 区间$\left[\frac{1}{2},+\infty\right)$是函数的单调增区间，区间$\left(0,\frac{1}{2}\right]$是函数的单调减区间.

3. (1) 极大值是 0，极小值是-1；

(2) 极小值是 0，极大值是 $4e^{-2}$.

4. (1) 最大值是$\frac{9}{5}$，最小值是 0；

(2) 最大值是 2π，最小值是 0.

5. 设 $f(x)=e^x-1-xe^x$，证得 $f(x)<f(0)=0$.

四、应用题.

1. 最大时的产量为 2、最大收益为$\frac{20}{\mathrm{e}}$，相应的价格为 $P(2)=\frac{10}{\mathrm{e}}$.

2. 见图 4.8.

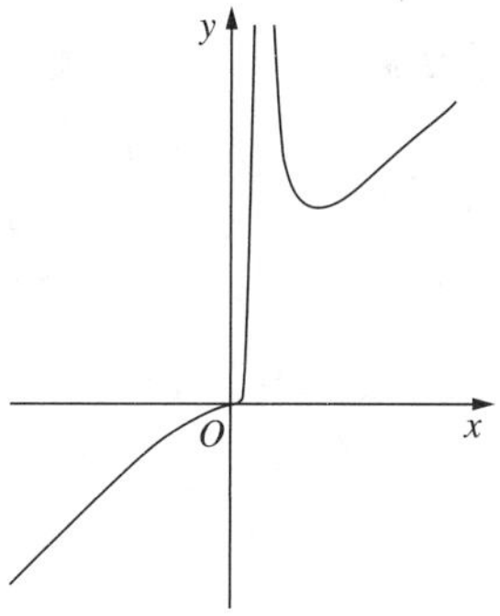

图 4.8

C 层题

一、填空题.

1. 1.　2. $\frac{1}{2}+\ln 2$.　3. $(-\infty,+\infty)$.　4. $\frac{5}{3}$；$\frac{1}{3}$.　5. $(1,0)$.

二、选择题.

1. C；　2. D；　3. A；　4. C；　5. A；　6. A.

三、解答题.

1. (1) $\frac{a}{b}$；　(2) $\ln 2-\ln 3$；　(3) $\frac{1}{2}$；　(4) 1.

2. (1) 区间$\left[\frac{1}{2},+\infty\right)$是单调增区间，区间$\left(-\infty,\frac{1}{2}\right]$是单调减区间；

(2) 区间$[0,+\infty)$是单调增区间，区间$(-\infty,0]$是单调减区间.

3. (1) 极大值是-1；　(2) 极大值是$\sqrt{5}$.

4. (1) 最大值是 13，最小值是 4；　(2) 最大值是$\frac{1}{2}$，最小值是$-\frac{1}{2}$.

5. 在区间$(-\infty,0)\cup\left(\frac{1}{2},+\infty\right)$是凸的，在区间$\left(0,\frac{1}{2}\right)$是凹的，拐点是$(0,0)$和$\left(\frac{1}{2},\frac{1}{16}\right)$.

四、应用题.

1. 每批生产 100 个单位产品时才能使利润最大，最大利润是 190 万元.

2. 见图 4.9.

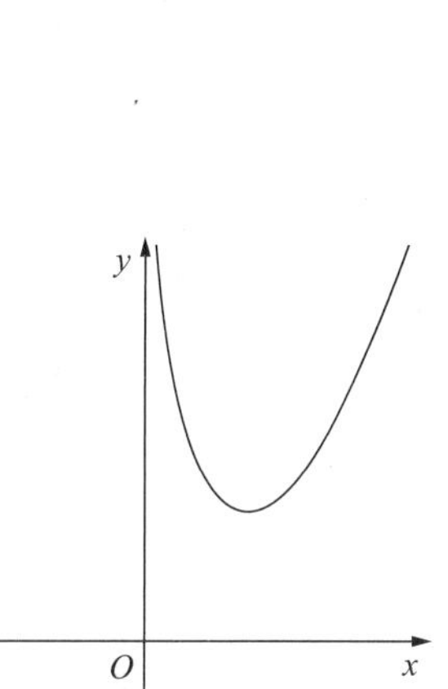

图 4.9

第 5 章　不定积分

练习题 5.1 与 5.2

A 层题

1. $2x\cos x^4\,\mathrm{d}x$.　2. $\frac{1}{2}(2x+1)^2+C$.　3. (1) $\frac{m}{m+n}x^{\frac{m+n}{m}}+C$；　(2) $\frac{4}{7}x^{\frac{7}{4}}+4x^{-\frac{1}{4}}+C$；　(3) $x^2+\arctan x+C$；　(4) $\tan x-\sec x+C$；　(5) $\ln\frac{(x+2)^2}{|x+3|}+C$；　(6) $\frac{x^3}{3}-\frac{x^2}{2}+x-\ln|x+1|+C$.

4. $y=x^4-x+3$.　5. $f(x)=\frac{1}{x^2}$.

B 层题

1. $f(x)\mathrm{d}x$；$f(x)+C$；$f(x)+C$.　2. $-\sin x+C_1x+C_2$.　3. $y=-\cos x+\frac{\sqrt{3}}{2}+1$.

4.(1) $\frac{1}{2}(x+\sin x)+C$；　(2) $2x^{\frac{1}{2}}-\frac{4}{3}x^{\frac{3}{2}}+\frac{2}{5}x^{\frac{5}{2}}+C$；　(3) $x-\mathrm{e}^x+C$；　(4) $-\cot x-\tan x+C$；

(5) $\ln\left|\frac{x+1}{x+2}\right|+C$；　(6) $\frac{2^x}{\ln 2}+\frac{\left(\frac{\mathrm{e}}{2}\right)^x}{\ln\frac{\mathrm{e}}{2}}+C$；　(7) $-\frac{1}{x}-\arctan x+C$；　(8) $\ln x+\arctan x+C$.

5. 对 $F(x)=x(\ln x-1)$求导即可.

C 层题

1. $\frac{x^4}{4}+C$. 2. C. 3. $F(x)+C$. 4. (1) $x+C$； (2) $\frac{x^2}{2}+C$； (3) $\ln x+C$； (4) $-\frac{1}{x}+C$； (5) $\frac{2}{3}x^{\frac{3}{2}}+C$； (6) $x\cdot\sin 3+C$. 5. (1) $\frac{4}{x}+\frac{4}{3}x+\frac{x^3}{27}+C$； (2) $-\frac{1}{x}-e^x+\ln x+C$； (3) $x-\arctan x+C$； (4) $e^x-3\sin x+2\sqrt{x}+C$； (5) $\tan x-x+C$； (6) $e^x+\arccos x+C$； (7) $\arcsin x+C$. 6. $f(x)=e^x+\sec^2 x$. 7. 略.

练习题 5.3

A 层题

1. (1) $\frac{1}{3}$； (2) -1； (3) $\frac{1}{2}$. 2. (1) $-\left(\frac{\cos 8x}{16}+\frac{\cos 4x}{8}\right)+C$； (2) $\arctan e^x+C$； (3) $-\ln|\cos\sqrt{1+x^2}|+C$； (4) $\frac{3}{8}x+\frac{1}{4}\sin 2x+\frac{1}{32}\sin 4x+C$； (5) $\frac{1}{4}\arctan\left(x+\frac{1}{2}\right)+C$； (6) 设 $t=\sqrt{x}$，原式$=x+2\sqrt{x}+2\ln|\sqrt{x}-1|+C$； (7) $\ln|\sqrt{1+x^2}+x|+C$； (8) $\arcsin x-\frac{1-\sqrt{1-x^2}}{x}+C$； (9) $x-\ln(1+e^x)+\frac{1}{1+e^x}+C$； (10) $\frac{\sin^3 x}{3}-\frac{\sin^5 x}{5}+C$. 3. $\frac{1}{x}+C$.

B 层题

1. (1) $\frac{1}{4}$； (2) -3； (3) $\frac{2^x}{\ln 2}+C$； (4) $\ln x+C$； (5) $\frac{1}{2}e^{x^2}$；$\frac{1}{2}$； (6) -1.

2. (1) $-\frac{(2-3x)^{\frac{2}{3}}}{2}+C$； (2) $-\frac{1}{2}e^{-x^2}+C$； (3) $\frac{\cos^{-3}x}{3}+C$； (4) $\frac{1}{5}\ln\left|\frac{x-2}{x+3}\right|+C$； (5) $\frac{1}{6}\arctan\frac{3}{2}x+C$； (6) $-\frac{1}{\arcsin x}+C$； (7) $\frac{(2x+1)^{\frac{9}{4}}}{9}-\frac{(2x+1)^{\frac{5}{4}}}{5}+C$； (8) $\frac{x}{\sqrt{1+x^2}}+C$； (9) $\frac{1}{4}\ln(1+x^4)+\arctan x^2+C$； (10) $\arctan(\ln x)+C$.

3. $5f\left(\frac{x}{5}\right)+C$.

C 层题

1. (1) $\frac{1}{a}$； (2) $-\frac{1}{3}$； (3) -1； (4) $-\frac{1}{2}$； (5) 2； (6) $\ln x+C$； (7) $\frac{x^2}{2}+C$； (8) $-\frac{1}{x}+C$.

2. (1) $\frac{(3x-15)^{16}}{48}+C$； (2) $-\frac{1}{4}\cos(4x+1)+C$； (3) $-\frac{1}{3}\ln|4-3x|+C$； (4) $-\sin\frac{1}{x}+C$； (5) $\ln|1+e^x|+C$； (6) $\frac{(\ln x)^3}{3}+C$； (7) $e^{\sin x}+C$； (8) $-\frac{1}{x-1}+C$； (9) $-\sin e^x+C$； (10) $\frac{2(\sqrt{x}+1)^5}{5}-\frac{2(\sqrt{x}+1)^3}{3}+C$.

练习题 5.4

A 层题

1. $\sqrt{2x-1}\,e^{\sqrt{2x-1}}-e^{\sqrt{2x-1}}+C$. 2. $\ln(\ln x)\cdot\ln x-\ln x+C$. 3. $-\frac{\arctan x}{x}+\ln\frac{|x|}{\sqrt{1+x^2}}+C$.

4. $\frac{x^3}{6}+\frac{1}{2}x^2\sin x+x\cos x-\sin x+C$. 5. 两次分部积分，$\int e^x(\cos x-\sin x)dx=e^x\cos x+C$.

6. 两次分部积分，$\int\sin(\ln x)dx=\frac{1}{2}x\sin(\ln x)-\frac{1}{2}x\cos(\ln x)+C$.

7. $-\frac{\ln x}{x-2}+\frac{1}{2}\ln\left|\frac{x-2}{x}\right|+C$. 8. $x(\arcsin x)^2+2\sqrt{1-x^2}\arcsin x-2x+C$.

B 层题

1. $-\frac{xe^{-2x+1}}{2}-\frac{1}{4}e^{-2x+1}+C$. 2. 两次分部积分，$2x^2\sin\frac{x}{2}+8x\cos\frac{x}{2}-16\sin\frac{x}{2}+C$.

3. 分部积分与换元积分两种方法结合使用，$\frac{x^2\arcsin x}{2}-\frac{1}{4}\arcsin x+\frac{1}{4}x\sqrt{1-x^2}+C$.

4. $-2\sqrt{x}\cos\sqrt{x}+2\sin\sqrt{x}+C$. 5. $-x^2\cos x+2x\sin x+2\cos x+C$. 6. $x\ln^2x-2x\ln x+2x+C$.

7. $\frac{1}{2}x^2\ln(x-1)-\frac{x^2}{4}-\frac{x}{2}-\frac{1}{2}\ln|x-1|+C$. 8. $\frac{1}{3}x^3\arctan x-\frac{1}{6}x^2+\frac{1}{6}\ln|1+x^2|+C$.

9. $2(\sqrt{x}-1)e^{\sqrt{x}}+C$. 10. $\frac{1}{2}[(1+x^2)\ln(1+x^2)-x^2]+C$.

C 层题

1. $-\frac{1}{3}x\cos 3x+\frac{1}{9}\sin 3x+C$. 2. xe^x+C. 3. $x\arctan x-\frac{1}{2}\ln|1+x^2|+C$. 4. $\ln x\cdot\frac{x^3}{3}-\frac{x^3}{9}+C$. 5. $x\ln x-x+C$. 6. $\frac{e^x}{2}(\sin x-\cos x)$. 7. $x\sin x+\cos x+C$. 8. $2x\tan x-2\ln|\cos x|+C$.

9. $\frac{1}{4}xe^{4x}-\frac{1}{16}e^{4x}+C$. 10. $x\arcsin x+\sqrt{1-x^2}+C$.

复习与自测题 5

A 层题

一、填空题.

1. $10^{x^2}\cdot\ln 10\cdot 2x$. 2. $\frac{1}{4}\arcsin^4x+C$. 3. $\frac{8}{15}x^{\frac{15}{8}}+C$. 4. 2. 5. $\frac{1}{2}F(2e^x)+C$. 6. $2x\sin x+x^2\cos x$. 7. $F(\sin x)+C$. 8. $e^{-x^2}+C$. 9. $\frac{2^{x^2}}{2\ln 2}$. 10. $x\cos x\ln x+\sin x-\sin x\ln x+C$.

二、选择题.

1. A； 2. D； 3. A； 4. B； 5. C； 6. B； 7. D； 8. C； 9. A； 10. A.

三、解答题.

1. $\frac{3}{2}x^{\frac{2}{3}}-\frac{6}{5}x^{\frac{5}{3}}+\frac{3}{8}x^{\frac{8}{3}}+C$. 2. $\frac{1}{4}(\arcsin x^2)^2+C$.

3. 设 $x=2\tan t$，则 $dx=2\sec^2t\,dt$，原式$=\frac{1}{2}\ln\left|\frac{\sqrt{4+x^2}-2}{x}\right|+C$.

4. $-\frac{1}{2}(x^2-1)\cos 2x+\frac{1}{2}x\sin 2x-\frac{1}{4}\cos 2x+C$. 5. $\frac{x-1}{4x}e^{2x}+C$.

四、应用题.

1. (1) $L_T(Q)=16Q-\frac{Q^2}{4}+C$； (2) 当产量 $Q=32$ 单位时，最大利润为 $L_T(32)=196$ 元.

2. $y=-x^4+7$.

B 层题

一、填空题.

1. $-\cos e^x+C$. 2. $2x\sin x+x^2\cos x+C$. 3. $\frac{1}{a}f(ax+b)+C$. 4. $-e^{\frac{1}{x}}+C$. 5. $\frac{1}{2}(\tan x-x)+$

C. 6. $y=x^3$. 7. $f(\arcsin x)+C$. 8. $x\mathrm{e}^{-x}+\mathrm{e}^{-x}+C$. 9. $\dfrac{(x^2-2)^{\frac{3}{2}}}{3}+C$. 10. $\dfrac{f^3(x)}{3}+C$.

二、选择题.

1. C； 2. A； 3. C； 4. D； 5. A； 6. D； 7. C； 8. C； 9. B； 10. A.

三、解答题.

1. $\mathrm{e}^x-\ln(1+\mathrm{e}^x)+C$. 2. $(\arctan\sqrt{x})^2+C$. 3. 设 $x=\sin t$，则 $\mathrm{d}x=\cos t\mathrm{d}t$，原式 $=-\dfrac{\sqrt{1-x^2}}{x}+C$.

4. $-x\cot x+\ln|\sin x|+C$. 5. $\dfrac{1-2\ln x}{x}+C$.

四、应用题.

1. 总成本函数为 $C_r(Q)=1000+\dfrac{Q^2}{4}$，$Q\in[0,100]$；当 $Q=50$ 时，$C_r(50)=1625$ 元.

2. $y=x^2-2x+1$.

C 层题

一、填空题.

1. -3. 2. $\dfrac{1}{a}$. 3. $\ln|x+1|+C$. 4. $\ln|x|-2x+\dfrac{x^2}{2}+C$. 5. $f(x)=2\sin x\cos x$. 6. $-\sin x+C$. 7. $F(\mathrm{e}^x)+C$. 8. $x\mathrm{e}^{-x}-\mathrm{e}^x+C$. 9. $\ln|x^2-\cos x|+C$. 10. $\ln|x|+C$.

二、选择题.

1. D； 2. C； 3. C； 4. D； 5. A； 6. D； 7. D； 8. B； 9. C； 10. A.

三、解答题.

1. (1) $2\mathrm{e}^x+3\cos x+\ln|x|-x+C$； (2) $\ln|x^2+3x+7|+C$； (3) $\tan^2 x+C$； (4) $x^2\sin x+2x\cos x-2\sin x+C$. 2. $f(x)=2x\mathrm{e}^{x^2}$；$f'(x)=2\mathrm{e}^{x^2}+4x^2\mathrm{e}^{x^2}$.

四、应用题.

1. $y=x^3+1$. 2. 对等式右端求导，等于被积函数.

第 6 章 定积分及其应用

练习题 6.1

A 层题

1. $\int_a^b C\mathrm{d}x=\lim\limits_{\lambda\to 0}(nC)\Delta x_i=\lim\limits_{\lambda\to 0}nC\cdot\dfrac{1}{n}(b-a)=C(b-a)$. 2. D. 3. B. 4. B.

5. (1) $2\leqslant\int_1^2(x^2+1)\mathrm{d}x\leqslant 5$； (2) $-\pi\leqslant\int_0^\pi\cos x\mathrm{d}x\leqslant\pi$. 6. D.

B 层题

1. (1) 负； (2) 负. 2. B. 3. (1) $<$； (2) $>$； (3) $>$； (4) $>$.

4. $\int_0^{\frac{\pi}{4}}(\cos x-\sin x)\mathrm{d}x+\int_{\frac{\pi}{4}}^{\pi}(\sin x-\cos x)\mathrm{d}x$. 5. D. 6. C.

C 层题

1. $x^2+y^2=1$；$\dfrac{1}{4}$. 2. 0；$2\int_0^2\cos x\mathrm{d}x$. 3. (1) 1； (2) 3. 4. (1) $S=\int_0^{\frac{3\pi}{2}}|\sin x|\mathrm{d}x=\int_0^\pi\sin x\mathrm{d}x-\int_\pi^{\frac{3\pi}{2}}\sin x\mathrm{d}x$； (2) $S=\int_1^2\mathrm{e}^x\mathrm{d}x$. 5. (1) π； (2) $\dfrac{3}{2}$； (3) 4. 6. 0.

练习题 6.2

A 层题

1. $f(x)=x-1$. 2. 2. 3. $\frac{1024}{15}\sqrt{2}$. 4. $\frac{3}{2}-\ln 2$. 5. 提示:设 $t=\frac{\pi}{2}-x$,将积分区间变成对称区间 $\left[-\frac{\pi}{2},\frac{\pi}{2}\right]$,原式$=4(\sqrt{2}-1)$. 6. 8. 7. $\frac{8}{15}$. 8. $-\pi\ln\pi-\sin 1$.

B 层题

1. $\frac{\pi}{2}$. 2. $-\frac{1}{2}$. 3. $\frac{7}{3}$. 4. 提示:设 $t=\sqrt{1+e^x}$ 则 $x=\ln(t^2-1)$, $dx=\frac{2t}{t^2-1}dt$,原式$=4-2\sqrt{3}-\ln 3-\ln(2-\sqrt{3})$. 5. $\frac{56}{3}$. 6. $\frac{\pi}{4}-\frac{1}{2}$. 7. $\frac{1}{2}(e\sin 1-e\cos 1+1)$. 8. $3e^{-1}-1$. 9. $\frac{8}{3}$.

C 层题

1. (1) 3; (2) $\frac{2}{\ln 2}$; (3) $\frac{1}{11}$. 2. (1) $1-e^{-1}$; (2) $\frac{1}{2}$; (3) $\frac{\ln 3}{2}$.

3. (1) $\frac{\pi}{4}$; (2) $\frac{\ln 2}{2}$; (3) $1-\frac{\pi}{4}$; (4) $\frac{\pi}{4}-\frac{2}{3}$.

4. (1) -2; (2) 1; (3) $\frac{1}{4}$; (4) $\frac{e^2}{4}+\frac{1}{4}$.

5. (1) $2\ln 2$; (2) $\frac{3}{2}+3\ln\frac{3}{2}$. 6. (1) 4; (2) $\frac{5}{2}$.

练习题 6.3

A 层题

1. B. 2. $\frac{9}{4}$. 3. $\frac{16}{3}$. 4. (1) $4-3\ln 3$; (2) $\frac{8}{3}\pi$. 5. (1) $\frac{8}{3}$; (2) $V_x=\frac{32}{5}\pi$, $V_y=8\pi$. 6. 租金总值的现值为:$\int_0^{20}18e^{-0.05t}dt\approx 228$,所以购买这台机器合算.

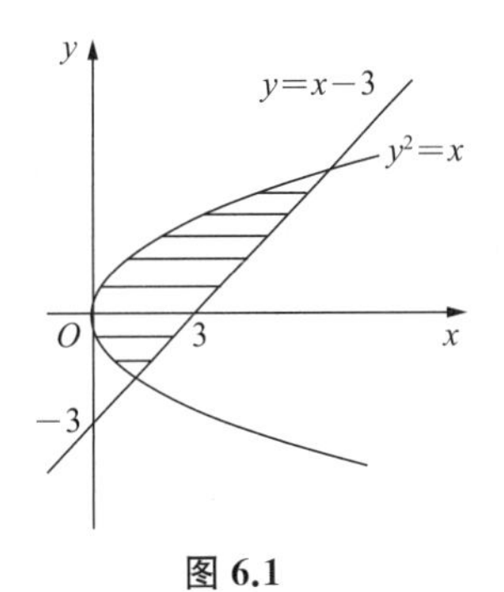

图 6.1

B 层题

1. (1) 2; (2) $e^2+e^{-2}-2$. 2. $\frac{64}{3}$. 3. 18. 4. $S=\int_0^1\frac{1}{2}y^2dy=\frac{1}{6}$.

5. 切线方程为 $y=\pm 2x$, $S=2\int_0^1(1+x^2-2x)dx=\frac{2}{3}$. 6. 260.8.

C 层题

1. $\int_0^1(e^y-1)dy$. 2. 平面图形见图 6.1,选择 y 为积分变量. 3. C.

4. C. 5. $S=\int_0^{\ln 2}(2-e^x)dx$. 6. $\frac{1}{6}$. 7. $\frac{31}{5}\pi$.

复习与自测题 6

A 层题

一、填空题.

1. $\frac{64}{5}$. 2. 0. 3. $-\pi$. 4. $\frac{\pi}{4}$. 5. $m=\frac{-3\pm\sqrt{17}}{2}$. 6. $\frac{1}{3}$;$\frac{3}{10}\pi$.

7. $\int_0^{\frac{\pi}{4}}(\cos x-\sin x)\mathrm{d}x+\int_{\frac{\pi}{4}}^{\pi}(\sin x-\cos x)\mathrm{d}x$.　8. $>$.　9. $x-2$.

二、选择题.

1. C;　2. B;　3. C;　4. D;　5. A;　6. D;　7. A;　8. A;　9. D;　10. C.

三、计算题.

1. $\frac{1}{2}(\ln 5-\ln 2)$.　2. 1.　3. 设 $t=\pi-x$，当 $x=0,t=\pi$；当 $x=2\pi,t=-\pi$，原式$=4\sqrt{2}$.

4. 设$x=\pi-t$，$I=\int_0^{\pi}\frac{x\sin x}{1+\cos^2 x}\mathrm{d}x=\pi\int_0^{\pi}\frac{\sin t\,\mathrm{d}t}{1+\cos^2 t}-I$，原式$=\frac{\pi^2}{4}$.　5. $\frac{1}{3}\ln 2$.

四、应用题.

1. 如图 6.2 所示，$S_1=\frac{1}{3}$，$S_1+S_2=\frac{2}{3}$，所以 $S_1=S_2$.

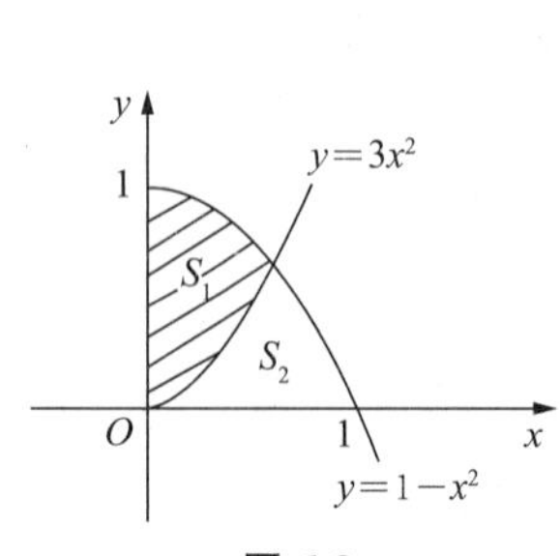

图 6.2

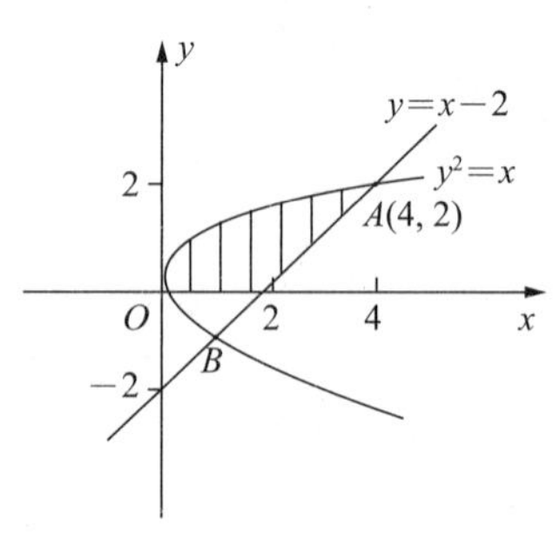

图 6.3

2. 如图 6.3 所示，(1) $S=\frac{10}{3}$；　(2) $V=\frac{16}{3}\pi$.

B 层题

一、填空题.

1. 0.　2. 1.　3. 2.　4. $\frac{1}{2}F(2e^x)\Big|_0^1$.　5. 在区间$[a,b]$上有界.　6. 0.

7. $2\int_0^{\sqrt{2}}(2x-x^3)\mathrm{d}x$；$2\int_0^{2\sqrt{2}}\left(\sqrt[3]{y}-\frac{y}{2}\right)\mathrm{d}y$.　8. $\frac{15}{2}\pi$.　9. e.

二、选择题.

1. B;　2. D;　3. B;　4. B;　5. A;　6. C;　7. D;　8. D;　9. B;　10. D.

三、计算题.

1. $\frac{\pi}{2}-1$.　2. $\frac{1}{4}(e^2+1)$.　3. $\frac{\pi}{4}-\frac{1}{2}\ln 2$.　4. 设$\sqrt{x}=t$，$x=t^2$，$\mathrm{d}x=2t\mathrm{d}t$，代入原式得$\frac{\pi}{2}-\ln 2$.

5. $2\sqrt{2}\ln 2-4\sqrt{2}+4$.

四、应用题.

1. $\frac{32}{3}$.　2. $e+\frac{1}{e}+e^2+\frac{1}{e^2}-4$.

C 层题

一、填空题.

1. 5.　2. 1.　3. $\sin x$；x^3.　4. $-x$；x.　5. $\sin x$；1；0.　6. $\frac{9}{10}$.

二、选择题.

1. B； 2. B； 3. A； 4. C； 5. A； 6. A； 7. A； 8. D； 9. D； 10. A.

三、计算题.

1. 1. 2. 11. 3. $\frac{1}{\ln e^2 b}(e^2 b-1)$. 4. $\frac{1}{3}$. 5. $\frac{64}{3}$.

四、应用题.

1. (1) 如图 6.4 所示； (2) $ds=(4-x^2)dx$； (3) 积分区间$[-2,2]$； (4) $\frac{32}{3}$.

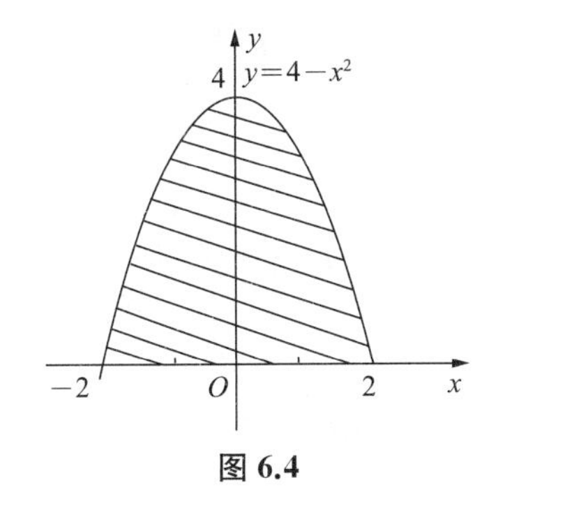

图 6.4

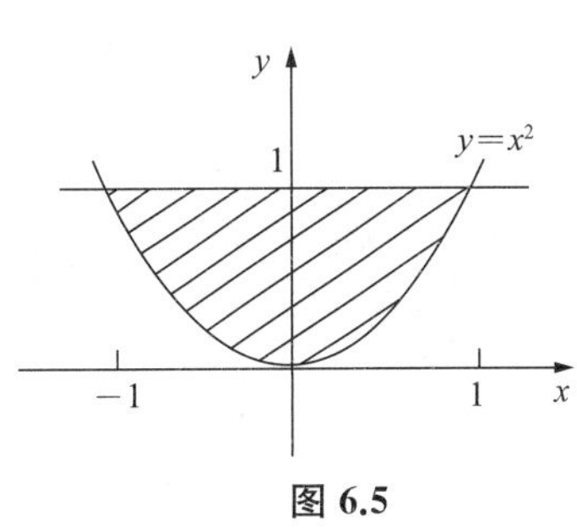

图 6.5

2. 如图 6.5 所示； $S=\frac{4}{3}$.

第 7 章 二元函数微分学

练习题 7.1

A 层题

1. (1) 当 $x>0,y>0,z>0$ 时,点 M 在第Ⅰ卦限； (2) 当 $x>0,y<0,z<0$ 时,点 M 在第Ⅷ卦限； (3) 当 $x<0,y<0,z>0$ 时,点 M 在第Ⅲ卦限； (4) 当 $x<0,y>0,z<0$ 时,点 M 在第Ⅵ卦限.

2. (1) $x+4y-5z-3=0$； (2) 点(3,0,0). 3. (1) 球； (2) 椭圆抛物面； (3) 单叶双曲面.

4. $3x+7y+z-4=0$. 5. 表示平面 $x=3$ 上以点(3,0,0)为圆心,4 为半径的圆.

6. (1) 母线$\begin{cases}x^2-\frac{z^2}{3}=1\\ y=0\end{cases}$ 绕 x 轴旋转； (2) 母线$\begin{cases}x^2-\frac{y^2}{3}=1\\ z=0\end{cases}$ 绕 x 轴旋转.

B 层题

1. (1) 第Ⅳ卦限； (2) 第Ⅶ卦限.

2. 关于 x 轴的对称点是$(x,-y,-z)$;关于 xOy 坐标面的对称点是$(x,y,-z)$.

3. $z=C$;$y=C$,其中 C 为任意常数. 4. 略. 5. $y^2+z^2=8x$.

6. (1) 变形得$(x-2)^2+y^2=4$,所以该方程在空间表示圆柱面； (2) 椭球面.

C 层题

1. (1) 第Ⅰ卦限； (2) 第Ⅴ卦限. 2. $(-3,-4,-5)$. 3. $|AB|=\sqrt{2}$.

4. (1) 平面； (2) 以 O 为球心,1 为半径的球； (3) 抛物柱面.

5. (1) $Ax+By+Cz=0$； (2) $z=C$. 6. 点 C $(-2,0,0)$.

练习题 7.2

A 层题

1. $f(x,y)=x^2\cdot\dfrac{1-y}{1+y}$.

2. (1) 定义域为$\left\{(x,y)\left|\dfrac{y^2}{2}<x\leqslant y+4\right.\right\}$,图形见图 7.1;

(2) 定义域为$\{(x,y)\mid -1\leqslant x\leqslant 1, y\leqslant -1$ 或 $y\geqslant 1\}$,图形见图 7.2.

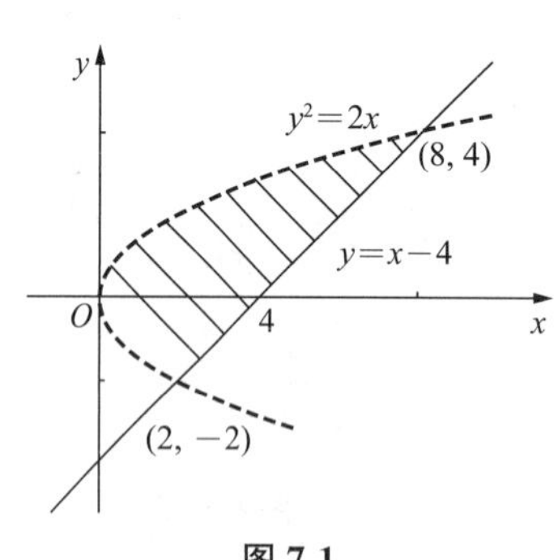

图 7.1

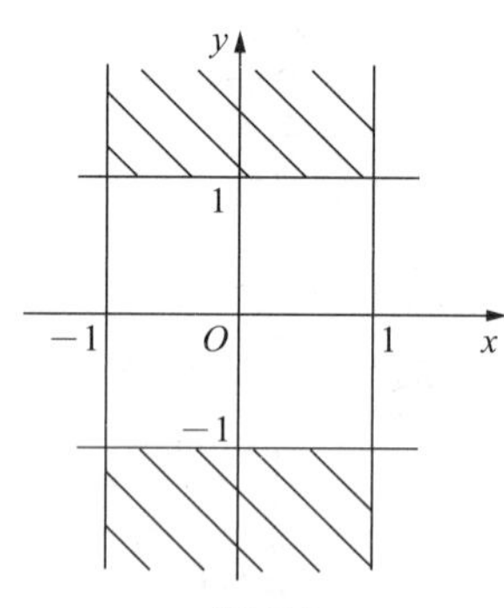

图 7.2

3. $-\dfrac{1}{6}$.　4. (1) xOy 面;　(2) $\{(x,y)\mid x+y>0\}$.　5. 极限$\lim\limits_{\substack{x\to 0\\ y\to 1}} y\sin\dfrac{1}{x}$不存在.

6. $F(xy,uv)=\ln(xy)\cdot\ln(uv)=\ln x\cdot\ln u+\ln x\cdot\ln v+\ln y\cdot\ln u+\ln y\cdot\ln v$

$=F(x,u)+F(x,v)+F(y,u)+F(y,v)$.

B 层题

1. (1) $f(x,y)=x^2+y^2-1$;　(2) $f(e^x,xy)=e^{2x}+x^2y^2-1$.

2. $f(0,1)=1, f(tx,ty)=t^2f(x,y)$.

3. (1) 函数的定义域为$\{(x,y)\mid -x<y<x\}$,图形见图 7.3;

(2) 定义域为$\{(x,y)\mid x^2+y^2<1$ 且 $y>x^2\}$,图形见图 7.4.

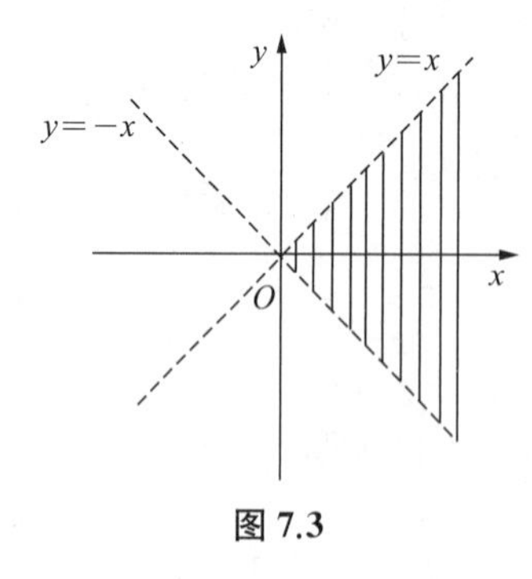

图 7.3

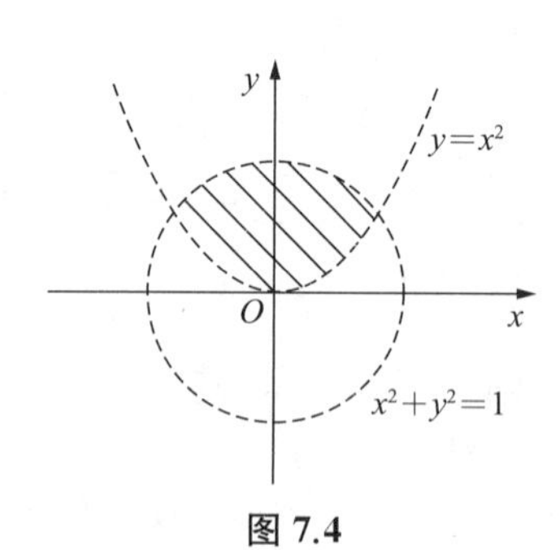

图 7.4

4. 间断点是坐标原点(0,0).　5. (1) 0;　(2) e.

6. 甲、乙两种产品的价格函数分别为 $p=2600-x$ 和 $q=4(1000-y)$,

总收益函数为 $R(x,y)=xp+yq=-x^2-4y^2+2600x+4000y$,

利润函数为 $L(x,y)=R(x,y)-C(x,y)=-2x^2-5y^2-2xy+2600x+4000y-5$.

C 层题

1. (1) $f(2,1)=7$; (2) $f(1-x,2y)=(1-x)^2+12y^2$; (3) $f(x+y,x-y)=4x^2-4xy+4y^2$.

2. $f(0,1)=1, f(2,3)=\dfrac{1}{5}$.

3. (1) 定义域是$\{(x,y)\mid x\in R, y\in R\}$,其图形为 xOy 坐标面; (2) $D=\{(x,y)\mid x>0, y>0\}$,其图形为第一象限,如图 7.5; (3) $D=\{(x,y)\mid y-2x>0\}$,见图 7.6.

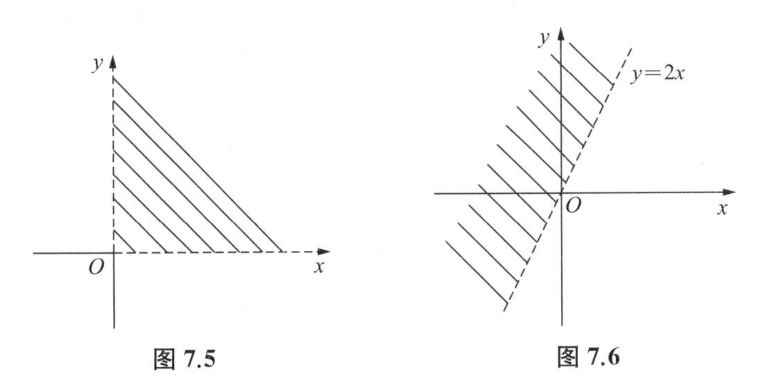

图 7.5　　　　图 7.6

4. 1;1.　5. $S=\pi r^2+2\pi rh, V=\pi r^2 h$.

练习题 7.3

A 层题

1. (1) $\dfrac{\partial z}{\partial x}=-\dfrac{y(x^2-y^2)}{(x^2+y^2)^2}$, $\dfrac{\partial z}{\partial y}=\dfrac{x(x^2-y^2)}{(x^2+y^2)^2}$;

(2) 方程两边取对数,$\ln z=x\ln(1+xy)$, $\dfrac{\partial z}{\partial x}=(1+xy)^x\left[\ln(1+xy)+\dfrac{xy}{1+xy}\right]$,

$\dfrac{\partial z}{\partial y}=x(1+xy)^{x-1}\cdot x=x^2(1+xy)^{x-1}$.

2. (1) $\dfrac{\partial^2 z}{\partial x^2}=y^x\ln^2 y$, $\dfrac{\partial^2 z}{\partial x\partial y}=y^{x-1}(x\ln y+1)$, $\dfrac{\partial^2 z}{\partial y\partial x}=y^{x-1}(1+x\ln y)$, $\dfrac{\partial^2 z}{\partial y^2}=x(x-1)y^{x-2}$;

(2) $\dfrac{\partial^2 z}{\partial x^2}=2a^2\cos 2(ax+by)$, $\dfrac{\partial^2 z}{\partial x\partial y}=2ab\cos 2(ax+by)$, $\dfrac{\partial^2 z}{\partial y\partial x}=2ab\cos 2(ax+by)$,

$\dfrac{\partial^2 z}{\partial y^2}=2b^2\cos 2(ax+by)$.

3. (1) $\mathrm{d}z=\dfrac{y^2\mathrm{d}x-xy\mathrm{d}y}{(x^2+y^2)^{\frac{3}{2}}}$; (2) $\mathrm{d}z=\dfrac{-y\mathrm{d}x+x\mathrm{d}y}{|x|\sqrt{x^2-y^2}}$.

4. 大约需要 14.8 立方米的水泥.

5. 固定 $y=\dfrac{\pi}{2}$, $\left.\dfrac{\partial^2 z}{\partial x^2}\right|_{(0,\frac{\pi}{2})}=2$;固定 $x=0$, $\left.\dfrac{\partial^2 z}{\partial y^2}\right|_{(0,\frac{\pi}{2})}=0$.

6. 当 k 取值不同时,极限值也不相同,所以极限$\lim\limits_{\substack{x\to 0\\ y\to 0}}\dfrac{2xy}{x^2+y^2}$不存在,从而函数 $z=f(x,y)$在点$(0,0)$处不连续;函数 $z=f(x,y)$在点$(0,0)$处不可微.

B 层题

1. (1) $\dfrac{\partial z}{\partial x}=2y\mathrm{e}^{2xy}$, $\dfrac{\partial z}{\partial y}=2x\mathrm{e}^{2xy}$; (2) $\dfrac{\partial z}{\partial x}=-15x^2y^4\sin(5x^3y^4)$, $\dfrac{\partial z}{\partial y}=-20x^3y^3\sin(5x^3y^4)$;

(3) $\dfrac{\partial u}{\partial x}=10x(x^2+3y^4-6z)^4$, $\dfrac{\partial u}{\partial y}=60y^3(x^2+3y^4-6z)^4$, $\dfrac{\partial u}{\partial z}=-30(x^2+3y^4-6z)^4$.

2. (1) $\frac{\partial^2 z}{\partial x^2}=4e^{2x}\cos 3y$，$\frac{\partial^2 z}{\partial x\partial y}=-6e^{2x}\sin 3y$，$\frac{\partial^2 z}{\partial y\partial x}=-6e^{2x}\sin 3y$，$\frac{\partial^2 z}{\partial y^2}=-9e^{2x}\cos 3y$；

(2) $\frac{\partial^2 z}{\partial x^2}=-\frac{x^2-y^2}{(x^2+y^2)^2}$，$\frac{\partial^2 z}{\partial x\partial y}=-\frac{2xy}{(x^2+y^2)^2}$，$\frac{\partial^2 z}{\partial y\partial x}=-\frac{2xy}{(x^2+y^2)^2}$，$\frac{\partial^2 z}{\partial y^2}=\frac{x^2-y^2}{(x^2+y^2)^2}$.

3. $dz=\frac{x}{\sqrt{x^2+y^4}}dx+\frac{2y^3}{\sqrt{x^2+y^4}}dy$. 4. $\sin 31°\tan 44°\approx 0.4977$. 5. 证明略.

6. $f_x(x_0,y_0)$表示空间曲线$\begin{cases}z=f(x,y)\\ y=y_0\end{cases}$在点$M(x_0,y_0,z_0)$处的切线斜率，其中$z_0=f(x_0,y_0)$.

C 层题

1. (1) $\frac{\partial z}{\partial x}=6x^2$，$\frac{\partial z}{\partial y}=2y$； (2) $\frac{\partial z}{\partial x}=\cos x\cos y$，$\frac{\partial z}{\partial y}=-\sin x\sin y$.

2. (1) $\frac{\partial^2 z}{\partial x^2}=12y^3$，$\frac{\partial^2 z}{\partial x\partial y}=36xy^2$，$\frac{\partial^2 z}{\partial y\partial x}=36xy^2$，$\frac{\partial^2 z}{\partial y^2}=36x^2y$；

(2) $\frac{\partial^2 z}{\partial x^2}=-4\sin(2x+3y)$，$\frac{\partial^2 z}{\partial x\partial y}=-6\sin(2x+3y)$，$\frac{\partial^2 z}{\partial y\partial x}=-6\sin(2x+3y)$，

$\frac{\partial^2 z}{\partial y^2}=-9\sin(2x+3y)$.

3. (1) $dz=3e^{3x-5y}dx-5e^{3x-5y}dy$； (2) $dz=y\cos(xy)dx+x\cos(xy)dy$.

4. 略.

5. $\Delta z=-0.20404$，$dz=\frac{\partial z}{\partial x}\Big|_{\substack{x=2\\y=-1}}\cdot\Delta x+\frac{\partial z}{\partial y}\Big|_{\substack{x=2\\y=-1}}\cdot\Delta y=-0.20$.

6. $\frac{\partial^2 z}{\partial x^2}=15\cdot 4x^3+4y^2$，$\frac{\partial^2 z}{\partial y^2}=4x^2$，$f_{xx}(0,1)=4$，$f_{yy}(0,1)=0$.

练习题 7.4

A 层题

1. (1) $\frac{\partial z}{\partial x}=\frac{\partial z}{\partial u}\cdot\frac{\partial u}{\partial x}+\frac{\partial z}{\partial v}\cdot\frac{\partial v}{\partial x}=3x^2\sin y\cos y(\cos y-\sin y)$，

$\frac{\partial z}{\partial y}=\frac{\partial z}{\partial u}\cdot\frac{\partial u}{\partial y}+\frac{\partial z}{\partial v}\cdot\frac{\partial v}{\partial y}=x^3(\sin y+\cos y)(1-3\sin y\cos y)$；

(2) $\frac{\partial z}{\partial x}=\frac{\partial z}{\partial u}\cdot\frac{\partial u}{\partial x}+\frac{\partial z}{\partial v}\cdot\frac{\partial v}{\partial x}=\frac{y(1-3x\ln 2x)}{xe^{3x+2y}}$，$\frac{\partial z}{\partial y}=\frac{\partial z}{\partial u}\cdot\frac{\partial u}{\partial y}+\frac{\partial z}{\partial v}\cdot\frac{\partial v}{\partial y}=\frac{(1-2y)\ln 2x}{e^{3x+2y}}$.

2. (1) $\frac{\partial z}{\partial x}=\frac{\partial z}{\partial u}\cdot\frac{\partial u}{\partial x}+\frac{\partial z}{\partial v}\cdot\frac{\partial v}{\partial x}=f_u\cdot\frac{2x}{x^2-y^2}+f_v\cdot y^2$，

$\frac{\partial z}{\partial y}=\frac{\partial z}{\partial u}\cdot\frac{\partial u}{\partial y}+\frac{\partial z}{\partial v}\cdot\frac{\partial v}{\partial y}=f_u\cdot\frac{-2y}{x^2-y^2}+f_v\cdot 2xy$；

(2) 设$s=\frac{x}{y}$，$t=\frac{y}{z}$，则$u=f(s,t)$，$\frac{\partial u}{\partial x}=\frac{\partial u}{\partial s}\cdot\frac{\partial s}{\partial x}=\frac{f_s}{y}$，

$\frac{\partial u}{\partial y}=\frac{\partial u}{\partial s}\cdot\frac{\partial s}{\partial y}+\frac{\partial u}{\partial t}\cdot\frac{\partial t}{\partial y}=-\frac{x}{y^2}f_s+\frac{1}{z}f_t$，$\frac{\partial u}{\partial z}=\frac{\partial u}{\partial t}\cdot\frac{\partial t}{\partial z}=-\frac{y}{z^2}f_t$.

3. $\frac{\partial^2 z}{\partial x\partial y}=f_u+y\cdot\frac{\partial f_u}{\partial y}+\frac{\partial f_v}{\partial y}=f_u+xyf_{uu}+(2y+x)f_{uv}+2f_{vv}$.

4. $\frac{\partial z}{\partial x}=\frac{z\ln z}{x\ln z-x}$，$\frac{\partial z}{\partial y}=\frac{z^2}{xy(\ln z-1)}$.

B 层题

1. $\frac{\partial z}{\partial x}=\frac{2e^{2(x-y)}+\sin y}{e^{2(x-y)}+x\sin y}$，$\frac{\partial z}{\partial y}=\frac{-2e^{2(x-y)}+x\cos y}{e^{2(x-y)}+x\sin y}$.

2. $\dfrac{\partial z}{\partial x}=12y\,(1+2x)^{6y-1}$， $\dfrac{\partial z}{\partial y}=(1+2x)^{6y}\ln(1+2x)\cdot 6$.

3. (1) $\dfrac{\partial z}{\partial \theta}=\rho(-f_x\sin\theta+f_y\cos\theta)$，$\dfrac{\partial z}{\partial \rho}=f_x\cos\theta+f_y\sin\theta$； (2) $\dfrac{\partial z}{\partial x}=yf_u-\dfrac{y}{x^2}f_v$，$\dfrac{\partial z}{\partial y}=xf_u+\dfrac{1}{x}f_v$.

4. $\dfrac{dz}{dx}=\dfrac{\partial z}{\partial u}\cdot\dfrac{du}{dx}+\dfrac{\partial z}{\partial v}\cdot\dfrac{dv}{dx}=-\left(4e^x-\dfrac{5}{x}\right)\sin(4e^x-5\ln x)$.

5. $\dfrac{\partial z}{\partial x}=-\dfrac{F_x}{F_z}=\dfrac{z}{y},\dfrac{\partial z}{\partial y}=-\dfrac{F_y}{F_z}=-\dfrac{z(x+y)}{y^2}$.

C 层题

1. (1) $\dfrac{\partial z}{\partial x}=10x-4y$，$\dfrac{\partial z}{\partial y}=-4x+34y$； (2) $\dfrac{\partial z}{\partial x}=\dfrac{1}{x(3y-2x)}+\dfrac{2\ln x}{(3y-2x)^2}$，$\dfrac{\partial z}{\partial y}=-\dfrac{3\ln x}{(3y-2x)^2}$.

2. $\dfrac{dz}{dt}=2\ln t\cdot\dfrac{1}{t}+e^t$.

3. (1) $\dfrac{\partial z}{\partial x}=-\dfrac{F_x}{F_z}=-\dfrac{y+z}{x},\dfrac{\partial z}{\partial y}=-\dfrac{F_y}{F_z}=-\dfrac{x}{x}=-1$； (2) $\dfrac{\partial z}{\partial x}=\dfrac{2xz}{1-z},\dfrac{\partial z}{\partial y}=\dfrac{2z}{1-z}$.

4. 证明略.

复习与自测题 7

A 层题

一、填空题.

1. $\{(x,y)\mid xy>0$ 且 $xy\neq 1\}$. 2. 双叶双曲面. 3. e. 4. $\dfrac{\partial f(x,y)}{\partial x}=y$. 5. $dx+dy$.

二、选择题.

1. B； 2. C； 3. C； 4. D； 5. B； 6. A.

三、计算题.

1. $f_x(x,0)=\dfrac{1}{8}(x^3+2x^2)'=\dfrac{1}{8}(3x^2+4x)$.

2. $\dfrac{\partial z}{\partial x}=(1+x)^{xy}\left[y\ln(1+x)+\dfrac{xy}{1+x}\right]$， $\dfrac{\partial z}{\partial y}=x\,(1+x)^{xy}\ln(1+x)$.

3. $dz=\dfrac{\partial z}{\partial x}dx+\dfrac{\partial z}{\partial y}dy=e^{-xy}[(1-xy)dx-x^2dy]+(ydx+xdy)\cos(xy)$.

4. $\dfrac{\partial z}{\partial x}=\dfrac{(1+z^2)y(e^{xy}+z)}{1-xy(1+z^2)}$； $\dfrac{\partial z}{\partial y}=\dfrac{(1+z^2)x(e^{xy}+z)}{1-xy(1+z^2)}$.

5. $\dfrac{\partial z}{\partial x}=f_u+yf_v$，

$$\frac{\partial^2 z}{\partial x\partial y}=\frac{\partial}{\partial y}\left(\frac{\partial z}{\partial x}\right)=\frac{\partial}{\partial y}(f_u+yf_v)=\frac{\partial f_u}{\partial y}+f_v+y\,\frac{\partial f_v}{\partial y}$$

$$=\left[f_{uu}\cdot\frac{\partial u}{\partial y}+f_{uv}\cdot\frac{\partial v}{\partial y}\right]+f_v+y\left[f_{vu}\cdot\frac{\partial u}{\partial y}+f_{vv}\cdot\frac{\partial v}{\partial y}\right]=-f_{uu}+(x-y)f_{uv}+xyf_{vv}+f_v$$

四、应用题.

1. (1) 证得 $|BC|^2=|AB|^2+|AC|^2$； (2) $2x+5y-z-7=0$.

2. (1) 甲产品的边际成本函数为$\dfrac{\partial z}{\partial x}=2+0.01(6x+y)$，乙产品的边际成本函数为$\dfrac{\partial z}{\partial y}=3+0.01(x+6y)$；

(2) 甲产品的边际利润函数为$\dfrac{\partial L}{\partial x}=8-0.01(6x+y)$，乙产品的边际利润函数为$\dfrac{\partial L}{\partial y}=6-0.01(x+6y)$.

B 层题

一、填空题.

1. $(2,5,1)$.　2. 圆柱面.　3. 0.　4. $2xye^{x^2y}$.　5. $\dfrac{xy}{x+y}$.

二、选择题.

1. C；　2. A；　3. D；　4. A；　5. D；　6. C.

三、计算题.

1. $f_x(1,0)=2$.　2. $dz=\left[2x\ln(x^2+y^2)+\dfrac{2x^3}{x^2+y^2}\right]dx+\dfrac{2x^2y}{x^2+y^2}dy$.　3. 证明略.

4. $\dfrac{\partial z}{\partial x}=-\dfrac{z(x-1)}{x(z-1)}$；$\dfrac{\partial z}{\partial y}=-\dfrac{z(y-1)}{y(z-1)}$.

5. $\dfrac{\partial^2 z}{\partial x^2}=4e^{2x}\sin 3y$，　$\dfrac{\partial^2 z}{\partial x\partial y}=6e^{2x}\cos 3y$，　$\dfrac{\partial^2 z}{\partial y\partial x}=6e^{2x}\cos 3y$，　$\dfrac{\partial^2 z}{\partial y^2}=-9e^{2x}\sin 3y$.

四、应用题.

1. $x^2+y^2+z^2+2x-2y+4z-2=0$，即$(x+1)^2+(y-1)^2+(z+2)^2=8$，轨迹是以点$(-1,1,-2)$为球心，$2\sqrt{2}$为半径的球面.

2. 矩形的对角线长度 $z=\sqrt{x^2+y^2}$，本题即求当 $x=16,y=8,\Delta x=0.1,\Delta y=-0.1$ 时 Δz 的近似值，$\Delta z\approx dz=4.47$(cm)，即矩形的对角线大约增加了 4.47 cm.

C 层题

一、填空题.

1. $(1,-3,-6)$.　2. $\dfrac{1}{2}$.　3. $\{(x,y)\mid x+y-1\geqslant 0\}$.　4. $\ln 2$.　5. $dz=ydx+xdy$.

二、选择题.

1. D；　2. B；　3. B；　4. D；　5. D；　6. D.

三、计算题.

1. $dz=\dfrac{\partial z}{\partial x}dx+\dfrac{\partial z}{\partial y}dy=e^x[\sin(x+y)+\cos(x+y)]dx+e^x\cos(x+y)dy$.

2. $\dfrac{\partial^2 z}{\partial x^2}=56x^6e^y$，　$\dfrac{\partial^2 z}{\partial y^2}=x^8e^y$，　$\dfrac{\partial^2 z}{\partial x\partial y}=\dfrac{\partial^2 z}{\partial y\partial x}=8x^7e^y$.

3. $\dfrac{\partial z}{\partial x}=2(x+2y)\sin(3x-y)+3(x+2y)^2\cos(3x-y)$，

$\dfrac{\partial z}{\partial y}=4(x+2y)\sin(3x-y)-(x+2y)^2\cos(3x-y)$.

4. 提示：令 $F(x,y,z)=\ln(x+y+z)-z$，则 $F_x=\dfrac{1}{x+y+z}$，$F_y=\dfrac{1}{x+y+z}$，$F_z=\dfrac{1}{x+y+z}-1$，

由 $\dfrac{\partial z}{\partial x}=\dfrac{1}{x+y+z-1}$，$\dfrac{\partial z}{\partial y}=\dfrac{1}{x+y+z-1}$ 有 $\dfrac{\partial z}{\partial x}-\dfrac{\partial z}{\partial y}=0$.

5. $f_x(x,1)=2x$.

四、应用题.

1. 方程配方得$(x-2)^2+(y-1)^2+(z+1)^2=25$，因为 $25>0$，所以该方程是球面方程，且球心坐标是$(2,1,-1)$，半径是 5.

2. 证明略.

第 8 章　二重积分

练习题 8.1

A 层题

1. (1) $\frac{27}{6}$； (2) $\frac{1}{2}$.

2. (1) $\iint\limits_D (x^2-y^2)\mathrm{d}\sigma > \iint\limits_D \sqrt{x^2-y^2}\,\mathrm{d}\sigma$； (2) $\iint\limits_D \ln(x+y)\mathrm{d}\sigma \geqslant \iint\limits_D [\ln(x+y)]^2\mathrm{d}\sigma$.

3. 提示：画出 D 的图形，讨论函数在矩形域内及边界的极值点情况，运用性质得 $-4 \leqslant \iint\limits_D (x^2-3x+y)\mathrm{d}\sigma \leqslant 4$.

B 层题

1. $V_{半球} = \iint\limits_D f(x,y)\mathrm{d}\sigma = \iint\limits_D \sqrt{R^2-x^2-y^2}\,\mathrm{d}\sigma$，其中 $D=\{(x,y)\mid x^2+y^2\leqslant R^2\}$.

2. $\iint\limits_D \ln(x^2+y^2)\mathrm{d}\sigma \leqslant 0$.

3. $7 \leqslant I \leqslant 14$.

4. $\iint\limits_D (a-\sqrt{x^2+y^2})\mathrm{d}\sigma = V_{锥} = \frac{1}{3}\pi a^3$.

C 层题

1. $V = \iint\limits_D |-3|\sqrt{x^2+y^2}\,\mathrm{d}\sigma = \iint\limits_D 3\sqrt{x^2+y^2}\,\mathrm{d}\sigma$，$D=\{(x,y)\mid 2x^2+y^2\leqslant 1\}$.

2. (1) $\iint\limits_D \mathrm{d}\sigma = S_{底} = (2+2)\times(1+1) = 8$； (2) $\iint\limits_D \mathrm{d}\sigma = S_{r=3} - S_{r=1} = \pi\times 3^2 - \pi\times 1^2 = 8\pi$.

3. $\iint\limits_D (x+y)^2\mathrm{d}\sigma \geqslant \iint\limits_D (x+y)^3\mathrm{d}\sigma$.

4. $0 \leqslant \iint\limits_D \cos^2 x\cos^2 y\,\mathrm{d}\sigma \leqslant \pi^2$.

练习题 8.2

A 层题

1. (1) $-\frac{1}{2}\pi$； (2) $\mathrm{e}-\mathrm{e}^{-1}$； (3) $1-\sin 1$； (4) $\frac{11}{30}$； (5) $\frac{\pi}{4}[(1+R^2)\ln(1+R^2)-R^2]$； (6) $2-\frac{\pi}{2}$.

2. 选择 x-型区域积分，$\iint\limits_D f(x,y)\mathrm{d}x\mathrm{d}y = \int_0^1 \mathrm{d}x\int_{\sqrt{1-x^2}}^{\sqrt{4-x^2}} f(x,y)\mathrm{d}y + \int_1^2 \mathrm{d}x\int_0^{\sqrt{4-x^2}} f(x,y)\mathrm{d}y$；

选择 y-型区域积分，$\iint\limits_D f(x,y)\mathrm{d}x\mathrm{d}y = \int_1^2 \mathrm{d}y\int_0^{\sqrt{4-y^2}} f(x,y)\mathrm{d}x + \int_0^1 \mathrm{d}y\int_{\sqrt{1-y^2}}^{\sqrt{4-y^2}} f(x,y)\mathrm{d}x$.

3. $I = \int_0^1 \mathrm{d}x\int_{x^2}^{2-x} f(x,y)\mathrm{d}y$.

B 层题

1. 选择 D 为 x-型区域，则 $I = \int_0^2 \mathrm{d}x\int_0^{2x} 3y^2\mathrm{d}y = \int_0^2 8x^3\mathrm{d}x = 32$；

选择 D 为 y-型区域，则 $I=\int_0^4 \mathrm{d}y\int_{\frac{y}{2}}^2 3y^2\mathrm{d}x=\int_0^4\left(6y^2-\frac{3}{2}y^3\right)\mathrm{d}y=32$.

2. 如图 8.1，交换积分次序后，得

$I=\int_0^1\mathrm{d}y\int_0^{y^2}\mathrm{e}^{\frac{x}{y}}\mathrm{d}x=\int_0^1 y\mathrm{d}y\int_0^{y^2}\mathrm{e}^{\frac{x}{y}}\mathrm{d}\left(\frac{x}{y}\right)=\int_0^1 y\mathrm{e}^y\mathrm{d}y-\int_0^1 y\mathrm{d}y=\frac{1}{2}$.

3. (1) $\frac{1}{pq}(\mathrm{e}^{ap}-1)(\mathrm{e}^{bq}-1)$； (2) $\frac{9}{4}$； (3) $\frac{1}{6}-\frac{1}{3\mathrm{e}}$； (4) $\frac{1}{2}R^4$； (5) $2\pi(\sin 1-\cos 1)$.

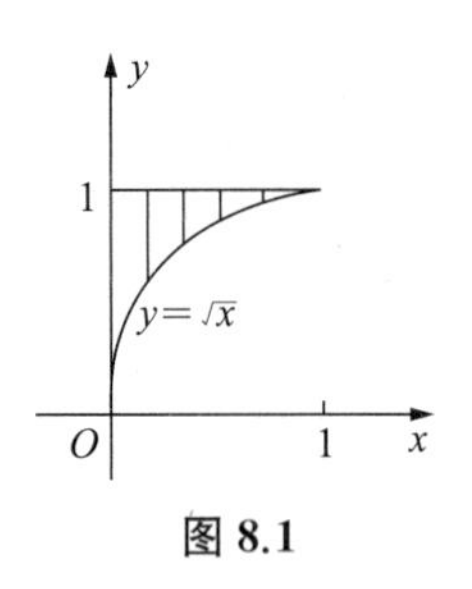

图 8.1

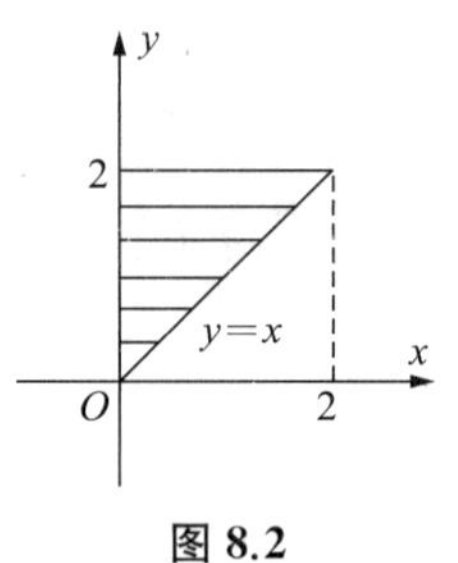

图 8.2

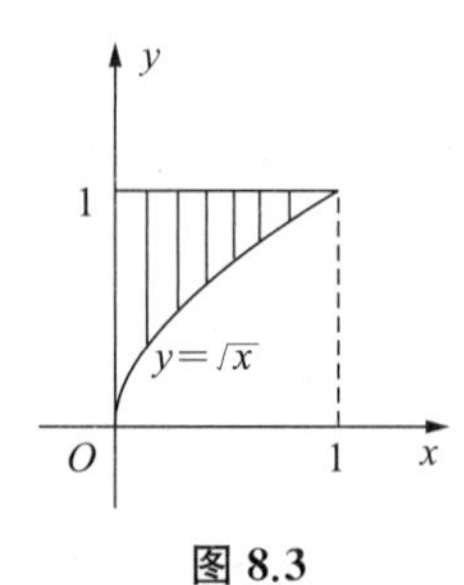

图 8.3

C 层题

1. (1) 8； (2) $\frac{1}{2}(\mathrm{e}^a+1)(\mathrm{e}^a-1)^2$； (3) $\frac{124}{15}$； (4) 0； (5) $\frac{2}{3}$.

2. (1) 原式 $=\int_0^2\mathrm{d}x\int_x^2 f(x,y)\mathrm{d}y$，如图 8.2； (2) 原式 $=\int_0^1\mathrm{d}y\int_0^{y^2} f(x,y)\mathrm{d}x$，如图 8.3.

练习题 8.3

A 层题

1. (1) 薄板的质量 $m=2k$； (2) 薄板的重心在点 $\left(1,\frac{5}{4}\right)$ 处.

2. 薄板的形心为 $\left(\frac{7}{3},0\right)$.

3. $V=32\pi$.

4. $V=\frac{40}{3}$.

5. $I_x=\frac{368}{35}$.

B 层题

1. $m=\frac{1}{2}\pi a^4$.

2. 薄片的形心为 $\left(\frac{1}{2},\frac{2}{5}\right)$.

3. 薄片的重心 $\left(\frac{9}{14},\frac{9}{14}\right)$.

4. $V=\frac{2}{3}\pi R^3$.

5. $V=\frac{32}{3}\pi(\sqrt{2}-1)$.

6. $I_0=30\pi$；$I_x=I_y=\frac{1}{2}I_0=15\pi$.

C 层题

1. $V=\dfrac{4}{3}$.

2. $m=\dfrac{45}{8}$.

3. 薄板的重心为$\left(0,\dfrac{4}{3}\right)$.

4. 薄板的形心为$\left(0,\dfrac{8}{3\pi}\right)$.

5. $V=\dfrac{55}{6}$.

复习与自测题 8

A 层题

一、填空题.

1. πe^{-1};π.

2. $\left\{(r,\theta)\mid 0\leqslant\theta\leqslant\dfrac{\pi}{4},0\leqslant r\leqslant\sec\theta\right\}$;$\left\{(r,\theta)\mid\dfrac{\pi}{4}\leqslant\theta\leqslant\dfrac{\pi}{2},0\leqslant r\leqslant\csc\theta\right\}$.

3. $\iint\limits_{D}|1-x-y|\,d\sigma$,$D=\{(x,y)\mid x^2+y^2\leqslant 1$ 且 $x+y\leqslant 1\}$.

4. $\int_{e^{-2}}^{e^{-1}}dy\int_{-1}^{\frac{1}{2}\ln y}f(x,y)dx$; $\int_{e^{-1}}^{1}dy\int_{\ln y}^{\frac{1}{2}\ln y}f(x,y)dx$.

5. x;转动惯量.

二、选择题.

1. B; 2. B; 3. B; 4. A; 5. B; 6. A.

三、解答题.

1. $\pi^2-\dfrac{32}{9}$. 2. $\dfrac{1}{2}(e^4-1)$. 3. $14a^4$. 4. π.

5. 提示:对第一次积分作交换,设 $x+y=u$,则 $y=u-x$,$dy=du$.

四、应用题.

1. $\dfrac{17}{6}$. 2. 薄板重心的位置是$\left(0,\dfrac{5}{3(4-\pi)}\right)$.

B 层题

一、填空题.

1. 1. 2. $\leqslant$. 3. $I_1<I_2$. 4. $\int_{-\frac{\pi}{2}}^{\frac{\pi}{2}}d\theta\int_0^{2\cos\theta}f(r\cos\theta,r\sin\theta)r\,dr$. 5. 2.

二、选择题.

1. D; 2. A; 3. C; 4. C; 5. C; 6. B.

三、解答题.

1. $\dfrac{1}{8}(e^2-1)$. 2. $\dfrac{\sqrt{2}}{2}\pi$. 3. $\sin 1-2\sin 2+\cos 1-\cos 2+\dfrac{3}{2}$. 4. $\dfrac{64}{15}$.

5. $\int_1^e dx\int_0^{\ln x}ye^y\,dy=\int_0^1 dy\int_{e^y}^{e}ye^y\,dx=\int_0^1(eye^y-ye^{2y})dy=e-\dfrac{1}{4}e^2-\dfrac{1}{4}$.

四、应用题.

1. 12π.

2. (1) $m=\frac{10}{3}$； (2) 重心为$\left(\frac{21}{10},\frac{3}{10}\right)$； (3) $I_x=\frac{7}{15}$.

C层题

一、填空题.

1. 以 D 为底，$f(x,y)$ 为顶的曲顶柱体的体积.

2. $\iint\limits_D[g(x,y)-f(x,y)]\mathrm{d}\sigma, D: x^2+y^2\leqslant a^2$.

3. $\iint\limits_D x^2\mathrm{d}\sigma$. 4. $\frac{1}{4}\pi^2;\frac{1}{2}\pi^2$. 5. $\mathrm{d}x\mathrm{d}y; r\mathrm{d}r\mathrm{d}\theta$.

二、选择题.

1. C； 2. A； 3. D； 4. D； 5. D； 6. B.

三、解答题.

1. $\frac{8}{3}$. 2. $\frac{20}{3}$. 3. $\frac{8}{105}$. 4. $\frac{13}{6}$.

5. $\int_0^1\mathrm{d}x\int_{-\sqrt{x}}^{\sqrt{x}}f(x,y)\mathrm{d}y+\int_1^4\mathrm{d}x\int_{x-2}^{\sqrt{x}}f(x,y)\mathrm{d}y=\int_{-1}^2\mathrm{d}y\int_{y^2}^{y+2}f(x,y)\mathrm{d}x$.

四、应用题.

1. $V=\frac{7}{2}$. 2. $\frac{64}{3}c$.

参考文献

[1] 李德才,骆汝九,张文军.分层数学同步练习册.北京:北京交通大学出版社,2006.

[2] 骆一舟.高等数学辅导及习题精解.西安:陕西师范大学出版社,2004.

[3] 王庚,王敏生.现代数学建模方法.北京:科学出版社,2008.

[4] 陈汝栋,于延荣.数学模型与数学建模.北京:国防工业出版社,2006.

[5] 雷功炎.数学模型讲义.北京:北京大学出版社,2009.

[6] 北京师范大学数学科学学院.数学模型与数学建模.北京:北京师范大学出版社,2009.

[7] 张小柔,吴传生.高等数学习题课教程.北京:科学出版社,1999.

[8] 翟秀娜.高等数学学习指导与习题解答.北京:中国水利水电出版社,2005.

[9] 刘明华,周晖杰,徐海勇.高等数学同步辅导.杭州:浙江大学出版社,2008.

[10] 朱宝彦,刘玉柱.高等数学学习指导.北京:北京大学出版社,2008.

[11] 陈津,陈成钢.高等数学解题指导.天津:天津大学出版社,2009.

[12] 杨林.专转本数学考试必读.南京:南京大学出版社,2004.